ムツゴロウの遺言

三輪節生
Miwa Setsuo

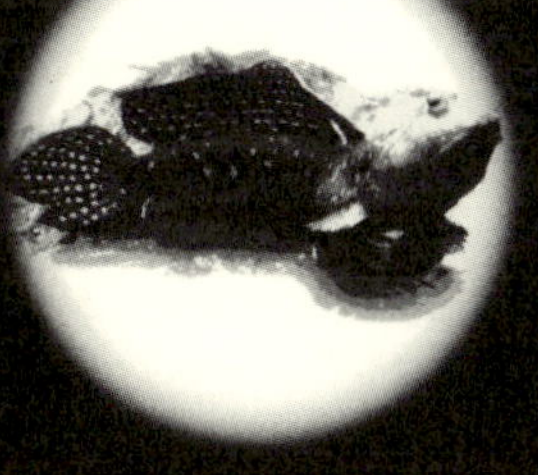

石風社

ムツゴロウの遺言　目次

＊各章扉・文中写真はすべて著者撮影

序章——干潟はどこへ行く

激変、そしてノリ被害

恋のためならば、とばかりに雄が自分を格好よく見せるため求愛のジャンプをする愛嬌者の魚・ムツゴロウ。大きな赤いハサミを持つカニのシオマネキ。希少な生き物がすんでいた泥の海が、草地に変わってしまった。

国内最大級の干潟として知られた長崎県諫早湾の奥部では、ついこの前まで当たり前だった潮の満ち引きが消えた。国の干拓事業の潮受け堤防建設で、潮流を断ち切られてから二〇〇一年四月半ばで丸四年になる。潮の干満が繰り返されることによって無数の生き物たちの命の営みが続けられた干潟の環境は、浦島太郎も驚くほど変わり果てた。

遠い昔から干潟は、湾沿いの人々に魚や貝の恵みをもたらし、秋には塩生湿地植物のシチメンソウが赤く色づくなど季節の移り変わりごとに心を癒してくれる風景を作り出していた。干潟はまた、生活の垢である汚れた水もきれいにしてくれた。想像もつかないほど長い時間をかけてできた干潟の風景が消えた。

すでに潮受け堤防は一九九九年春に完成。ムツゴロウなどがすんでいた区域は、乾燥が進む一方で塩分が洗い流されてヨシ（別名、アシ）やセイタカアワダチソウなどが茂る草地が広がっている。そこでは新たに造成する農地を取り囲む内部堤防工事や農道建設のための干拓工事が進められていた。

かつての海は、冬になれば枯れ野になり、干拓工事のダンプカーが頻繁に行き交っていたが、二〇〇〇年十二月から翌年初めにかけて佐賀県や福岡県、熊本県などの有明海で、養殖ノリが黄色っぽくなる「色落ち」の被害が広がったことをきっかけに、工事に「待った」がかかった。色落ちの原因は、研究者らの説明では珪藻《けいそう》プランクトンが異常繁殖してノリが吸収する栄養分を奪ってしまったためだという。収穫の最盛期であるはずの時季に発生したことでノリ生産者らにとっては大きな痛手になった。

このプランクトンによる赤潮が有明海の広い範囲で長期間続いたため、漁民らは「有明海の環境に異変が起きているのは諫早湾干拓の影響」として一月、諫早湾奥部を閉め切った潮受け堤防のそばで大規模な海上デモをする騒ぎになった。ノリ養殖漁民らは、干拓事業の中断と潮受け堤防の水門の開放を叫んだ。干拓事業の見直しを訴えてきた住民団体や研究者らが「有明海の異変につながる」と指摘していた不安が現実のものになった。

有明海のノリ不作と干拓事業の因果関係については、裏付ける調査データが少ない。海水を浄化するアサリなどの二枚貝やカニ、ゴカイを含む底生生物が、有明海で激減しているという研究報告もあるが、農林水産省は、潮流などの緊急調査を進めた上で、必要があれば排水門を開けて詳しい調査をする方針を明らかにした。

不安をなんとか解消しようと、福岡県の漁民らも二〇〇一年二月下旬から三月初めにかけて、農水省や九州農政局（熊本市）に抗議と要望を繰り返し、二月二十三日には、潮受け堤防の水門開放と干拓工事の中止を申し入れた。この時、任田耕一・九州農政局長は谷津義男・農水相に漁民らの意向を伝える一方、「すべてはスケジュールに沿って進む。止めろと言っても止まらないでしょうね」と答えた。これに対して抗議行動に参加した漁民から「なぜ？　人間のやることじゃないか」と率直な疑問が投げかけられたという（二〇〇一年三月一日付　朝日新聞）。

全国のノリ生産量の約四割を占める有明海の不作で不安を抱く漁民らの声を受け、農水省は三月三日、「有明海ノリ不作等対策関係調査検討委員会」（通称、第三者委員会）を発足させた。研究者や有明海沿いの漁業者代表ら十五人がメンバーだ。ノリ不作の原因究明や有明海の環境再生策を探るねらいで、農水省はこの「第三者委員会」の論議を踏まえた上で、潮受け堤防の水門を開放して干拓事業と有明海の異変の因果関係などを調査する方針を決めた。これに対して、湾口に漁場を持つ長崎県の漁民らが「水門を開けて潮流を諫早湾奥部に入れると、急激な潮流が発生して漁場に悪影響が出る」と指摘したほか、諫早市の農家など干拓推進派が「防災の効果がなくなる」と反対した。

諫早湾奥部には潮流が復活することになったが、「第三者委員会」の提言は、水門開放の時期についてはふれてなかった。かつてのようにムツゴロウやカニ、貝などさまざまな海洋性の生き物たちが命の営みを続けていた広大な干潟の姿を取り戻すのは困難だ。

〈六百年〉と〈四十五秒〉

防災と優良農地造成を目標に掲げた国営干拓事業の完成予定は、当初の二〇〇〇年度から二〇〇

激変した干潟（高来町）
左が1997年２月。
下は2000年２月

六年に先送りされ、事業費も膨らんでいる。農林水産省は二〇〇一年にノリ不作の調査と同時に、内部で事業の再評価をする「時のアセス」の対象とする予定である。費用対効果の問題などを点検する作業だ。

日本一広い諫早湾の干潟は、ハゼの仲間のムツゴロウや渡り鳥など数多くの種類の生き物たちがすむことで知られ、自然保護の専門家の間では、国際的に重要な湿地（ウェットランド）として位置づけられていた。そんな貴重な干潟を消滅させる理由として干拓事業を推進する立場の国や長崎県、諫早市などは、諫早湾沿い地域の高潮や洪水の災害を防ぎ、平坦で広い農地造成の必要性を説いてきたが、一九九九年七月、諫早市街地は水浸しになる洪水被害を経験した。農地も、入植者が払い下げを受けるのでは採算に合わないとして貸し出す（リース）方式が検討されている。また、国が赤字財政に苦しむ中で巨費を投じて継続される費用対効果の低い

「むだな公共事業」の代表的な事例として環境保護団体の批判を浴びている。世界的にも貴重な自然環境であり、地域の人々の暮らしを支えてきた干潟を消滅させてよいのか、疑問の声は根強い。

二〇〇〇年六月の総選挙で「むだな公共事業が国の財政赤字を増大させている」と批判を受けた自民党が議席を大幅に減らしたことなどから、公共事業の質的転換などを問う見直し論議が活発になっているが、利益誘導型とされる政治の仕組みがすぐに改められるか、見守っていく必要がある。

「むだな公共事業」の代表例として全国的に注目されていた島根県中海の干拓事業については、農水省が中止を決めた。さらに徳島県の吉野川可動堰《ぜき》建設計画をめぐっては、建設の賛否を問う徳島市の住民投票が二〇〇〇年一月二十三日に行われた結果、約五五％の投票率で九〇％余りが反対票だった。ただし住民投票には法的な拘束力がない。当時の中山正暉建設相は、住民投票で公共事業のあり方を問うやり方を批判したが、その後、建設省（現、国土交通省）は計画を白紙に戻す方針を明らかにした。

後者の計画は、吉野川河口から約十四キロ上流に、川の流れを分水するために約二百五十年前の江戸時代に造られた石積みの第十堰可動堰が、洪水の時に流れを妨げる危険があるとして建設省が取り壊し、新たに約一・二キロ下流に長さ約七百二十メートルの可動堰を造るというものだった。事業に疑問を投げかけた住民団体は「川の流れがせき止められることによってシジミなどがいる生態系が壊される」などと訴えていた。

長期間にわたって着手できない事業を見直す動きは国政レベルでも出ているが、公共事業の質を問いながら予算をつけようという発想が、制度として裏付けられているとは言えない。諫早湾の干拓は、さまざまな課題を解消できないまま税金が投入され続けるのだろうか。

＊　＊

諫早湾干拓事業は、湾口に近い水域に多良山系と島原半島を結ぶ潮受け堤防（延長七千五十メートル）を築いて湾奥部の三千五百五十ヘクタールを閉め切り、さらにその内側に内部堤防を築く複式干拓だ。太平洋戦争が終わった後の食糧難の時代に、コメ増産などを目的に当時の長崎県知事が発案した。それから五十年近くが経過。事業目的は、長崎市など県南部地域の水資源確保などを目指す「長崎県南部地域総合開発（南総）計画」に変わり、さらに防災と農地開発の「諫早湾干拓事業」に切り替えられるといういわくつきの公共事業となった。

一九九七年四月十四日、農水省が潮受け堤防工事で最後まで潮流が出入りしていた約千二百メートル区間で二百九十三枚の鋼板をギロチンのように落とした仮閉め切り作業は、わずか四十五秒で終わった。諫早地方ではコメなどの増産のため、古くから新たな農地を造る干拓が続けられてきた。湾沿いでは、自然のまま放置していても干潟に潟土《がたつち》が堆積することから宿命的だとは言え、潮受け堤防で閉め切られた面積は、過去約六百年間に積み重ねられた干拓地の広さと同じだ。六百年と四十五秒。この違いの中にさまざまな問題が隠されている。

「開発」のもたらしたもの

私は一九九六年八月から一九九九年五月上旬まで諫早市に新聞記者として駐在し、諫早湾干拓事業の取材にかかわった。これまで主に九州や山口県の地方都市を転勤したが、干潟を含む湿地の開発事業計画を取材対象にすることが比較的多かった。九〇年代初めには福岡市が博多湾東部で進めた人工島（アイランドシティ）計画が、和白《わじろ》干潟の環境に及ぼす影響なども取材した。

国土面積が狭い日本では、太平洋戦争後、経済振興策として工業団地や流通基地、住宅地、農地造成などのために干潟を含む海岸が埋め立てられたり干拓地になったりしてきた。近年では、ごみ処分場の造成計画もある。魚や貝を獲《と》り、海水浴を楽しんでいた場所が次々に失われていった。

干潟には、小魚や貝類などさまざまな生き物がいる。互いに餌にしたり食べられたりして、それぞれにつながっている。生活排水が流れ込み、有機物で少し汚れても生き物たちが浄化してくれる。干潟の浄化能力は、生き物の種類や規模によって異なるが、天然の下水処理場とも言える。だから干潟を消滅させると代わりの下水道処理設備が不可欠になる。快適な暮らしのために合併浄化槽や下水処理場は必要だが、余分な公共投資につながることにもなる。

景気が悪くなると、道路工事などの公共事業予算が大盤振る舞いされるが、本当に暮らしが便利になるのか疑わしいような工事が、身近なところで繰り返されていることに多くの人が気づいていると思う。

例えば鹿児島県の奄美群島は、太平洋戦争後八年間、米軍の統治下にあり、一九五三年に本土復帰した。が、その後道路や港湾、圃《ほ》場整備を進めるため国の補助率を高くする奄美群島振興特別措置法（通称、奄振《あましん》）に基づく公共事業が続けられてきた。公共事業への依存度が高くなり、工事を請け負うための業者間の競争が国政レベルから市町村の首長、議員の選挙にまで色濃く反映された時期があった。その結果、地域や親類にまで対立の構図が持ち込まれ、その溝が深まったばかりではない。圃《ほ》場によって鉄分を多く含んだ赤土がサンゴ礁の海に流出し、魚介類やサンゴが生息しづらい環境になってしまった。一九七二年に本土に復帰した沖縄でも、似たような問題が生じている。

公共事業は、名前から考えると、あまねく人々の幸福につながらなければ意味がおかしい。諫早湾干拓事業は、戦後間もないころ食糧増産という目的で発想されたが、漁場や魚介類が育つ大切な干潟が失われるとして漁民らが抵抗し続け、実現できないまま長い時間が経過した。事業の名目と形を変更して「防災」という二文字を入れたことで事業は再スタートした。潮止めから約四年が経過した現在、閉鎖水域になった諫早湾奥部の調整池の水質は、下水道の普及率が湾沿いで低いため、処理されないままの生活排水が流れ込み、悪化した。

一・八倍に膨らんだ事業費

二〇〇〇年度に完成予定だった事業について、農水省は一九九九年十二月に、二〇〇六年度完成の見込みで事業費は二千四百九十億円になることを明らかにしたが、ノリ不作の原因調査のための工事中断でさらに見通しが不透明になった。八六年に着工した時点では千三百五十億円としていたから、当初の目算よりも一・八倍に膨らむ計算だ。新しく造成される干拓地を取り囲む内部堤防工事も進んでいるが、どんな農業を経営すれば入植する農家の生活が成り立つのかもはっきり示されていない。完成した農地を農家が利用する場合、農家の負担を減らすために長崎県の公社が国から買い上げて農家に貸し出すリース方式を要望する声が上がっている。農家が土地を買い取って入植して農業を始めるには、土地代の返済が経営の負担になるとの理由からだ。

その一方、諫早湾の干潟からは、潮止めの後しばらくすると渡り鳥の姿が見られなくなった。南の国とシベリアなどの間を春と秋に行き来する長い旅の途中に立ち寄って、カニやゴカイなどを餌にしてエネルギーを蓄えていたシギやチドリたちのにぎわいが消え、冬場に寒い国から定期便のようにやってきた美しい水鳥・ツクシガモの姿もほとんど見られなくなった。中国の繁殖地などから飛来していたと見られる冬の渡り鳥ズグロカモメの姿も二〇〇〇年春の日本野鳥の会長崎県支部の調査でゼロになってしまった。かつてはシギ・チドリ類もズグロカモメも日本一の飛来数を記録したことがあった。これらの渡り鳥たちにとって、干潟は長い旅のエネルギー補給基地であり、休息地でもあった。航空便に例えれば国際便の燃料補給の空港が突然閉鎖されたような事態なのだ。

二十一世紀は、人類が生き延びていくための環境を守り育てていくことが、地球規模でのキーワードになることは間違いない。まして日本では、季節の移り変わりに敏感に反応して暮らしを楽しんできた。春になれば桜の花見だけでなく、砂と泥がまじった干潟がある温暖な地域では、貝を掘る潮干刈りもある。心が躍る行楽だ。サンゴ礁に囲まれた鹿児島県奄美大島や沖縄県では、潮が引いたリーフで魚や貝を探すのが春先の行楽だ。近くに自然林の里山がある地域では、ツワブキやワラビ、ゼンマイ、ウド、タラの芽など山菜採りで春らしさを満喫できる。

春先ばかりでなく、日本各地に、自然と向き合いながら暮らしを立ててきた伝統の知恵が受け継がれている。自然の風景にたたずんでみると、心が安らぐものだ。

経済再生を目標に公共事業などによる景気刺激策に力を入れた故小渕恵三首相の後を受けた森喜朗首相は、「日本は天皇を中心とした神の国」などとする発言で問題になった。「自然にも神々が宿る」という趣旨だったと後で釈明したが、人々が畏敬《いけい》の念を抱いていた貴重な自然が公共事業で破壊されるケースが相次いでいる。

一九九〇年代初めごろから農村の景観や産地のおいしい食材をもとめて旅を楽しむグリーンツーリズムが流行しているが、自然の景観の魅力を消し去るのは、地域の観光資源を捨てるようなことになるのではないだろうか。干潟をつぶす事業も、よく考え直すべきだ。

難航する「水門」論議

有明海のノリ不作の騒ぎが広がったのをきっかけに、全国一の規模の干潟や海の汚染防止などへの関心が高まった。諫早湾干拓の潮受け堤防の水門開放と工事の中断を求めるばかりでなく、「宝の海を再生させるには瀬戸内海環境保全特別措置法と同じような特別立法が必要だ」との声も上がり始めた。

水門開放をめぐっては、さまざまな意見や思惑がある。諫早湾口の長崎県小長井町沖合で二枚貝のタイラギ漁が一九九三年冬以来二〇〇〇年まで連続して休漁に追い込まれているほか、二〇〇〇年夏には赤潮でアサリが大量死する被害が出た。小長井町の漁民らは「潮受け堤防内側の調整池の水質が悪化したのは干拓の影響だ」と指摘して、九州農政局に水門の開け方を工夫することなどを申し入れたことがあった。農水省側は、漁業被害と干拓事業の因果関係は認めようとせず、課題が先送りされていた。その結果、タイラギの水揚げ減少はこの数年、佐賀県や福岡県でも目立つようになっていた。

農水省が三月、ノリ不作と干拓事業との因果関係などを調査するために潮受け堤防の水門を一時的に開放して潮流を湾奥部へ入れる方針を打ち出した背景には、不作が深刻だった福岡県内のノリ生産者らが、やむにやまれない事情から九州農政局（熊本市）に押しかけて「直談判」したことや、工事現場入り口で二月下旬に座り込み行動を続けたことなどがあった。三月一日には、福岡県有明海漁連の組合員ら約二百七十人が東京・霞が関の農水省に出向いて、谷津農水相に諫早湾干拓事業の中止と水門開放を求めて集めた約十二万人分の署名簿を手渡した。この後、地元選出の自民党幹事長の古賀誠氏らとも会ったが、古賀幹事長は「第三者委員会で水門開放と工事中断を了承してもらう」との考えを示したという。大きな方針の転換の始まりだった。だが、干拓事業推進の立場で動いてきた長崎県や諫早湾沿いの自治体などには事前の相談がなかったらしく、「防災の機能が損なわれる」などの理由で反発が出た。水門の一時的開放は、二〇〇一年夏に参議院議員選挙を控えているという事情があり、いわば政治的決着とも言えそうだ。

「第三者委員会」は、三月三日の初めての会合で「即水門開放」という答えは出さなかった。「判断するデータが不足している」という理由からだった。赤潮やノリ養殖、干潟環境、水産資源などの研究者十一人と漁業者代表四人の合わせて十五人のメンバーで構成される。委員会の模様は、報道関係者にはモニターテレビを通して公開されたほか、速記者二人を配置して会議録の全文をインターネットで五日から「暫定版」として公表した。水産庁増殖推進部研究指導課によると、こうした会議でのやりとりをホームページで公表するのは異例とのことだ。

農水省のホームページで紹介された議事録（暫定版）によると、谷津農水相は「有明海の今シーズンのノリ生産状況を見ると、二月末現在で共販実績は約二百四十七億円で前年同期と比べて約四割の減収。ノリ以外でもアサリやタイラギなどの魚介類が減少したなどの声も聞く。有明海を宝の海として再生することが極めて重要だと考える」などとして調査研究の計画や評価などに対する提言をまとめてもらうように要請、二〇〇一年九月までに中間のまとめを注文した。

第三者委員会では、有明海の地理的な特性やノリ養殖の実態などを農水省側が説明した後、漁業関係者や長崎大学水産学部の研究者らが参考人として意見を述べた。漁業者代表委員らから「水門を開放して調査を」という意見が出たが、干拓事業に協力的と見られている研究者の一人は「潮流を入れると、調整池の底に堆積した浮泥が巻き上げられる」として水門開放に反対、また参考人の長崎大水産学部の研究者は「環境の回復は時間がかかる。水門を開放する方向に行くのであればしばらく開放した状態を保つことを原則としていただきたい。長期的な取り組みを考えてほしい」と語ったという。

「何のための公共事業か」

有明海のノリ不作と干拓事業の因果関係については、裏付ける調査データが少ない。珪藻プランクトンが繁殖したのは、それを餌にするアサリなど二枚貝が有明海で大幅に減ったためだ、と説く研究者がいる。カニやゴカイ、貝など底生生物が激減しているという研究報告もある。だが、現実を直視すれば、水門を開けてでも原因を詳しく調べなければ、「なんのための公共事業か。環境を悪化させるばかりで防災効果も疑問だらけなのに……」という不信感が、納税者の間に募るばかりだろう。

水門を開けたとしても、元通りの広大な干潟が再生することはないかもしれない。潮流を復活させるにしても、干潟が再生できるような水域を確保する必要がある。潮流でカニやムツゴロウなどの幼生や稚魚が運ばれることで干潟の浄化作用も生まれる。そうなるまでにはかなりの年数がかかるだろう。だが、アメリカやイタリアなどでは、いったん開発で消滅した干潟や湿地を再生する取り組みが進んでいるという。韓国でも、国の公社が黄海沿いで進めていた始華《シファ》干拓事業で淡水湖に工場廃水などが流れ込んで水質が悪化したため、水門を開けて海水を入れるようにした結果、水質が改善されて魚や貝類が戻り、渡り鳥の飛来地になったという。
経済振興策としての公共事業は、新たな需要を生み出す効果があるとして「信仰」され、税金が投入されてきたが、国の財政赤字は膨らむばかりだ。地域振興策と自然保護を考える上で諫早湾干拓は、さまざまな課題を私たちに突きつけている。

諫早市に住んで諫早湾を始め、各地の干潟を守るために三十年近く運動を担ってきた日本湿地ネットワーク代表の山下弘文さんが、二〇〇〇年七月に亡くなった。山下さんにはたいへんお世話になった。志半ばで無念だったろうと思う。ご冥福を祈りたい。また干拓問題の取材では、たくさんの同僚や知人に励まされ、助言をいただいた。感謝申し上げたい。

二〇〇一年三月　　筆者

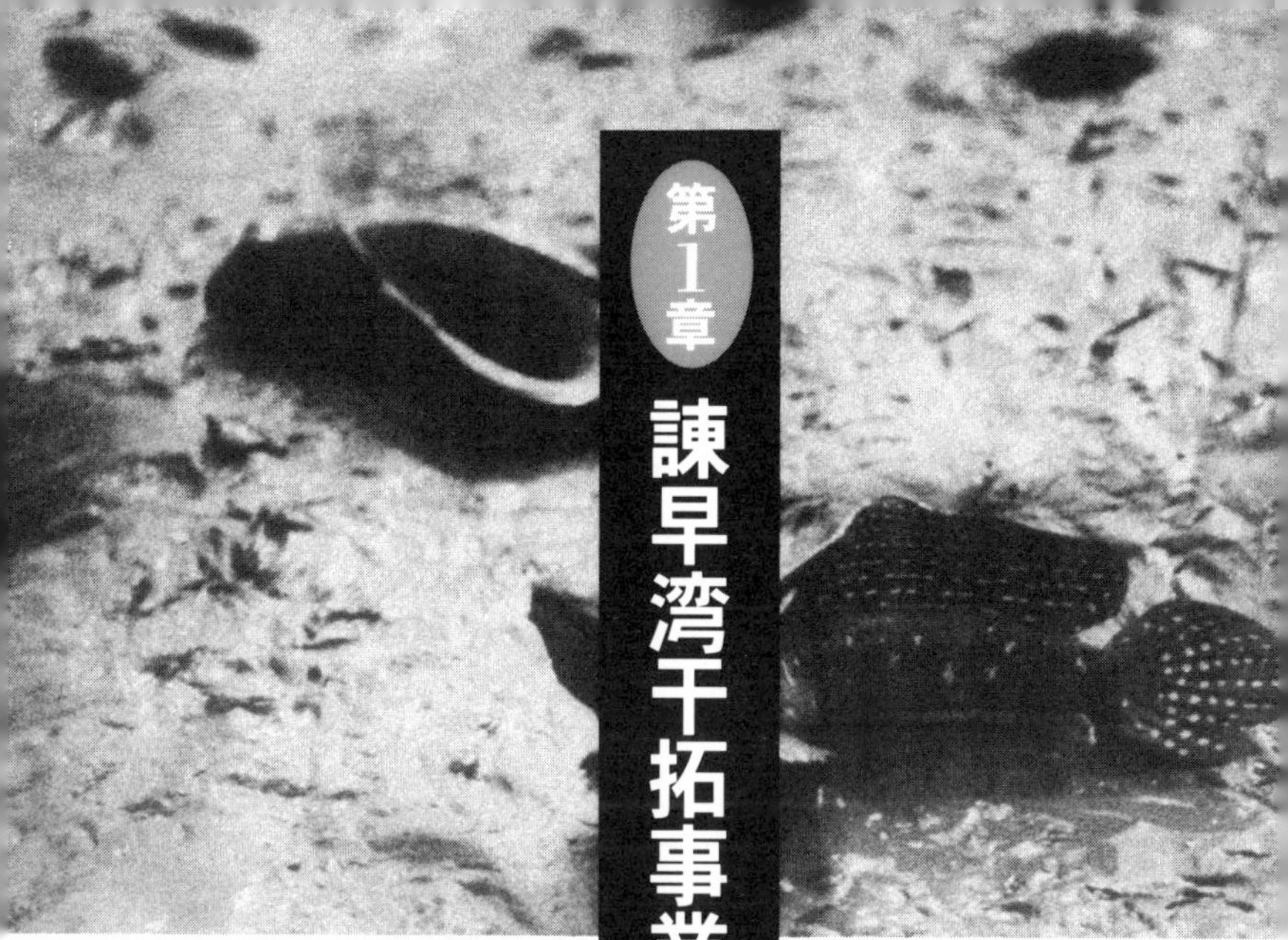

第1章 諫早湾干拓事業

我々は何を失ったのか

潮止め

巨大プロジェクト

福岡県と佐賀県、長崎県、熊本県の四県にまたがって海岸線が延びる内湾の有明海は、ノリの養殖が盛んなことで全国的に知られる。潮が引いた時に、遠浅の広大な干潟が現れる比較的浅い海だ。水深は平均で約二十メートル。五十メートルより深いところは全体の面積の約五%しかない。潮の干満の差は、五メートルを超える。潮の干満の差が大きいのは、島原半島沖合の天草灘付近から出入りする潮流が、有明海の地形の関係で波の共振現象を起こして、大きな波の振幅を作り出すためとされる。潮の干満の差の大きさを実感するのは、河口や入り江につないである小さな漁船が潮とともに上下に躍動するさまを目にした時だ。干潮の時に潟土《がたつち》が盛り上がった入り江に、船がへたり込むように、無造作につないである。「座っている」と表現した方がぴったりする。どうやって動くのか不思議に思って見ていると、潮が満ちてきて水位がみるみる上がり船が持ち上げられる。

潟土は、ソフトクリームみたいに軟らかい泥のところが多いが、砂が混じっている干潟や河口もある。軟らかい干潟は、ハゼ科のムツゴロウやカニのシオマネキなど独特の生き物たちが巣穴を掘ってすむのに適していて、ユニークな生態系がある。

諫早湾は、約百平方キロメートル（一万ヘクタール）とされる。有明海全体の面積約千六百九十平方キロメートルからすれば約十七分の一（五・九％）という計算になるが、干潟の広さや、魚や貝、カニ、エビなどの産卵場や成育場としての役割は大きなウエートを占めていた。

干拓事業では、多良山系側の高来町金崎名と島原半島側の吾妻町平江名を結ぶ延長七千

九州全体から見た有明海と閉め切られた湾奥部

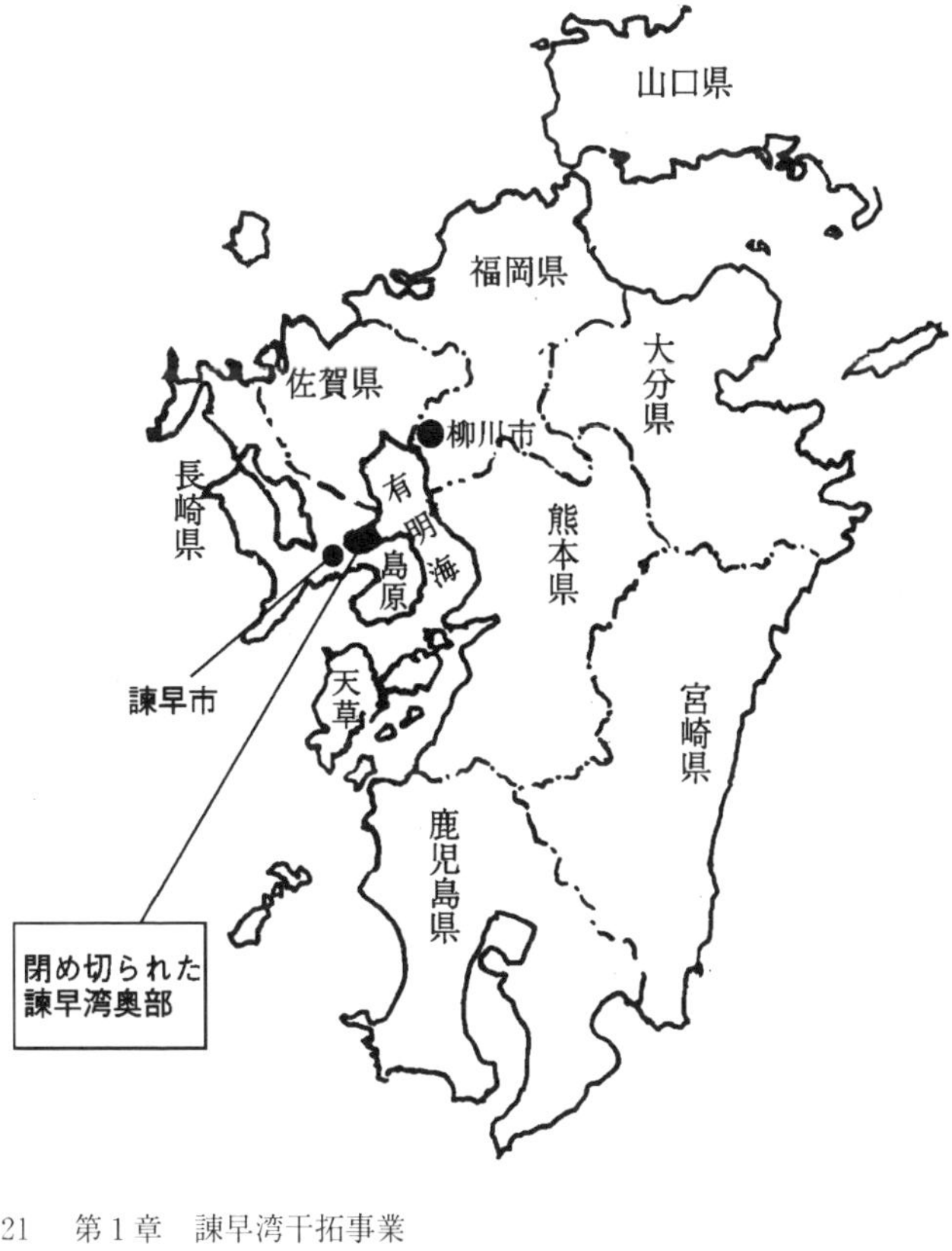

五十メートルの潮受け堤防を建設し、湾奥部の約三千五百五十ヘクタールへの潮流を遮断した。さらに内側の諫早市などの地先に総延長十七・六キロの内部堤防を築いて千六百三十五ヘクタールを干陸化しようという巨大プロジェクトだ。「複式干拓」と呼ばれる工法で、オランダの干拓技術から学んだ。東京のJR山手線で囲まれた内側の地域の約七割に相当する広さの水域を閉め切る。

巨大な潮受け堤防は、海抜七メートルの高さで石と砂で築いた。石材は、多良山系の小長井町産、砂は湾入り口の海底から採取した。小長井町の石は、加工しやすい安山岩で江戸時代から有明海沿いの干拓工事や建築資材として採掘されている歴史があるが、巨大な規模の工事で需要が急増した結果、採石場周辺の集落では発破作業の騒音や粉じんなどの公害が悩みになった。

潮受け堤防の位置は、諫早市小野島町などの諫早平野の旧海岸堤防から約五キロ沖合になる。堤防を築くねらいは、高潮が押し寄せた場合、湾奥部の諫早平野の市街地への被害を防ぐのと、あわせて潮流によって運ばれる浮泥《ふでい》をせき止めることだという。浮泥は、阿蘇山の火山灰など比重が軽いもので、沈澱すれば干潟の泥になる。

潮受け堤防の南北二カ所には排水門が合わせて八基設けられ、干潮時にだけ開けて湾奥部の調整池から水を放流するしくみ。排水門は高来町側に六基、吾妻町側に二基据え付けてあるが、幅は八基合わせて二百五十メートルしかない。海水は石と砂で築いた潮受け堤防から浸透する以外は入れないという設計の考え方だ。

干拓地を取り囲むために築く内部堤防と潮受け堤防の間の千七百十ヘクタールの水域は、排水門の操作で、ふだんは海抜マイナス一メートルの水位に保つように管理する計画だ。干拓事業工事を現場で指揮する、農林水産省の出先機関である九州農政局諫早湾干拓事務所（諫早市西里町）によ

諫早湾と有明海周辺地図

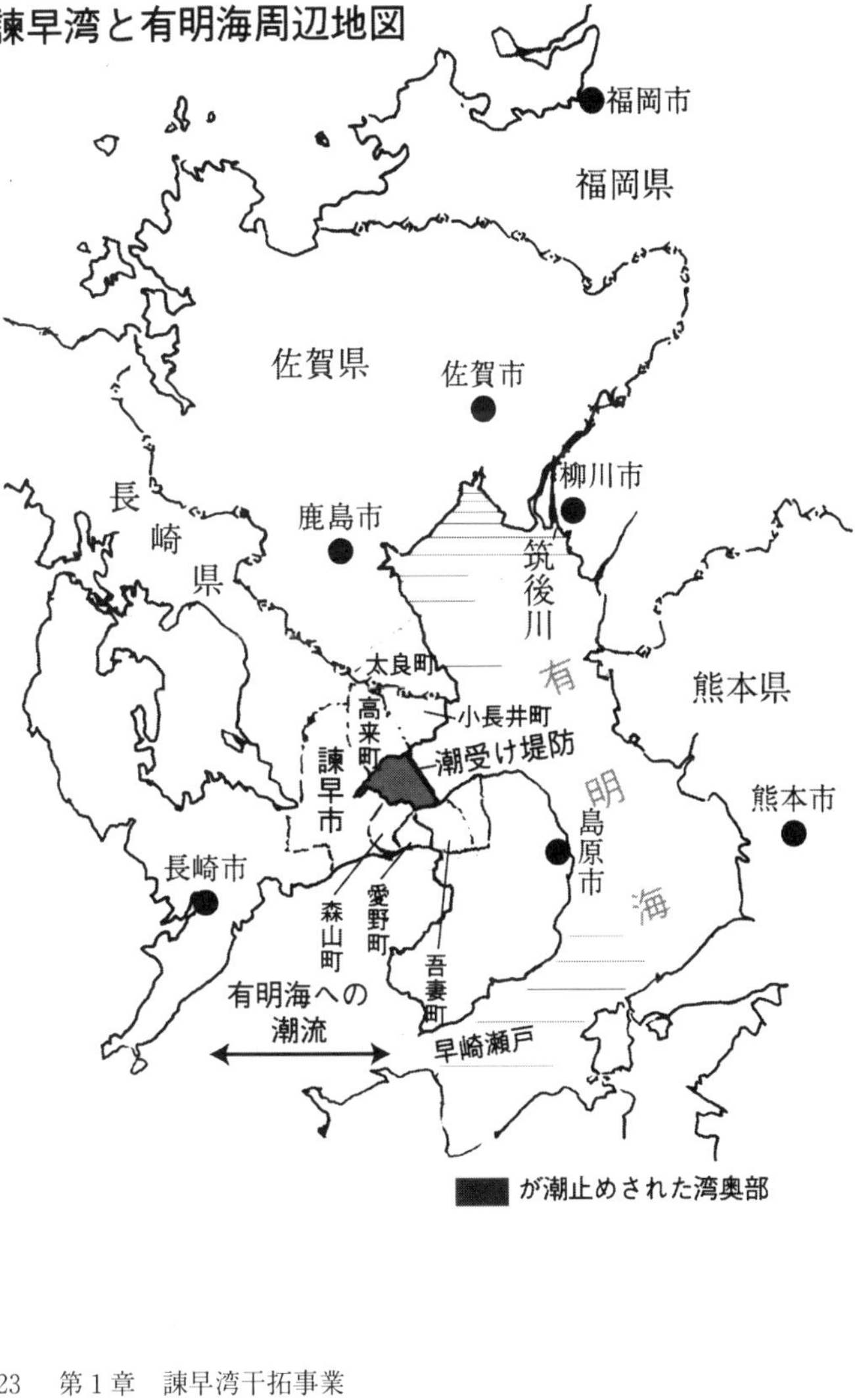

ると、大雨の時に潮受け堤防の外側が満潮であっても調整池に同市の本明川などから流れ込む水をためて洪水を防ぐ役割を持たせる。その一方、淡水化することで、新たに造成する農地の潅漑《かんがい》にも利用する計画だという。

だが、潮止め後、調整池の役割を果たす水域は計画よりも広い状態なのに、排水門の規模が小さいため、干潮時に潮受け堤防外側に放流する水の量が少なく、後背地の排水が思うようにいかないという問題点も指摘されている。

命のゆりかご

湾奥部は、ムツゴロウやシオマネキなど絶滅が心配される生き物たちのすみかになっていた。コノシロやハゼグチなど魚介類の産卵場であり稚魚が育つ「ゆりかご」で、春先と秋に長距離の旅をするシギやチドリなど渡り鳥たちがエネルギー補給と休息のため立ち寄る場所でもあった。

潮受け堤防の工事は、湾奥部でノリ養殖などの漁場を失う漁協組合員や佐賀県や福岡県を含む湾外の漁民らへの影響補償交渉に決着がついた後、一九八九年（平成元年）から始まった。本格的に着工したのは九二年秋。軟らかい海底の地盤の上に築く巨大な構造物を支えるた

農水省が強調する防災の仕組み（九州農政局諫早湾干拓事務所の資料から）

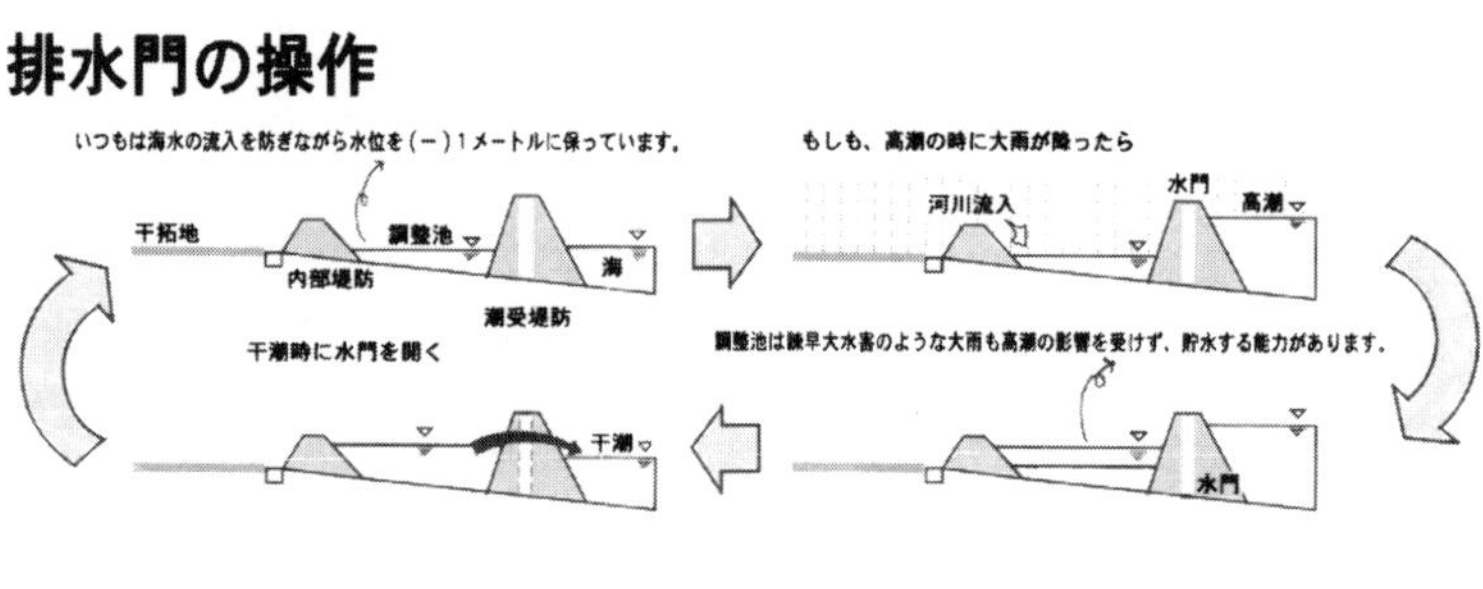

め「砂の柱」を無数に打ち込む「サンドコンパクションパイル工法」が採用された。堤防本体は、石と砂を積み重ねて築く工法。堤防工事が進んでも、九七年四月半ばまでは、最後まで残った約千二百メートルの「潮止め工事区間」から湾奥部まで潮が流れ込み、本明川を遡って諫早市街地まで達していた。市街地そばの本明川には漁船が係留され、満潮時には釣りなどを楽しむため、そこから船を出す住民もいた。潮止め直前までハゼの仲間のハゼグチやシシ貝と呼ばれる二枚貝などの漁が続けられた。干潟のある海を最後まで愛する人のこだわりが感じられたものだ。

潮の満ち引きは、まさに地球と月を含む宇宙のダイナミズムだ。感動を覚えたことがある。本格的な春の訪れに

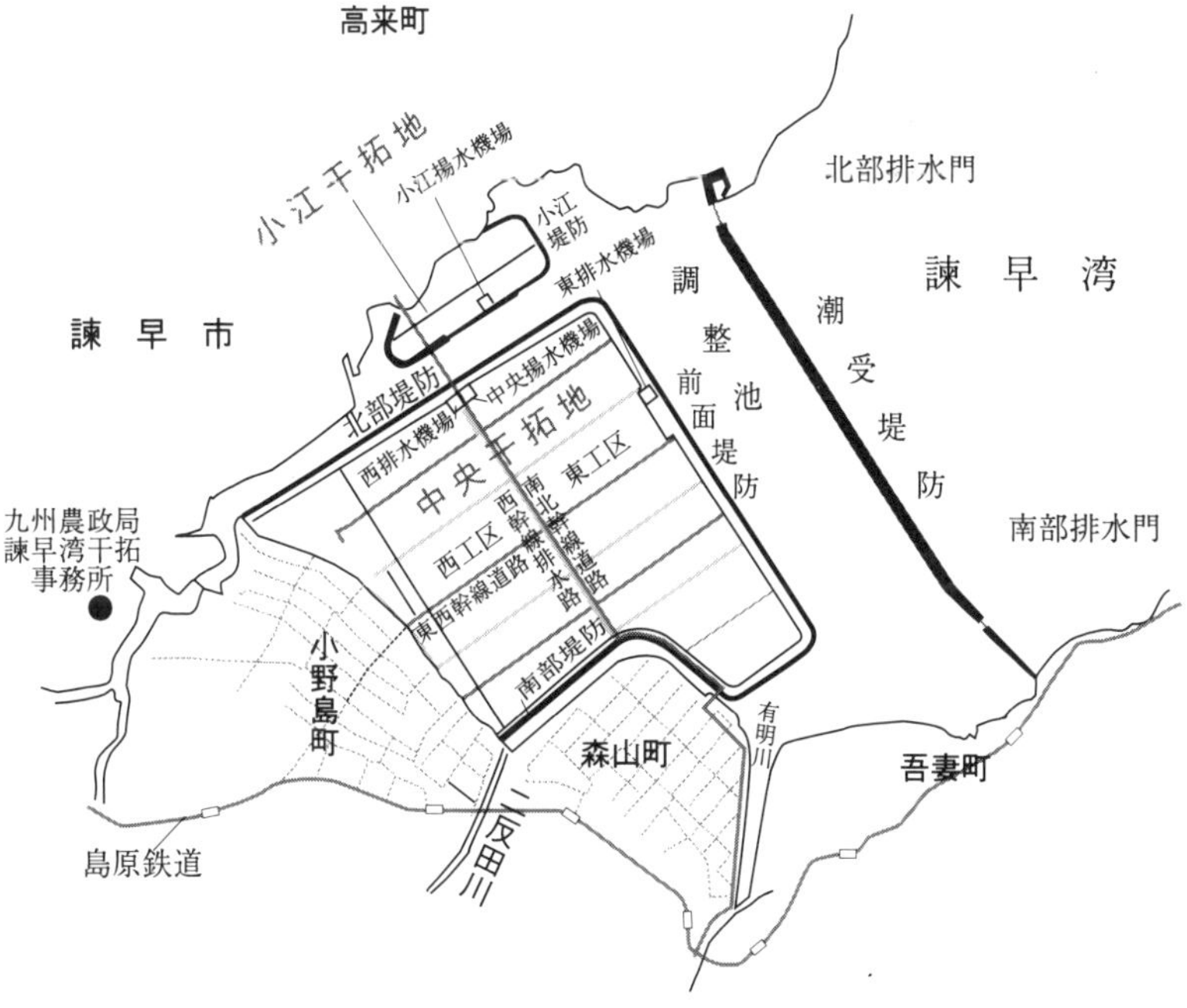

はまだ早い、一九九七年三月九日未明。私は、にわか天文ファンになったつもりで彗星を見に出かけた。ヘールボップ彗星の観測で、諫早湾を見下ろす多良山系の丘陵地に出向いた。諫早市の白木峰高原（標高約四〇〇メートル）というポイントだ。有明海の西側が多良山系で、諫早湾をはさんで島原半島と向かい合っている。島原半島の雲仙・普賢岳は、一九九一年の火砕流などの火山災害で地域に打撃を与えた後、噴火活動は終息したが、国内で最大規模の諫早湾干潟が消滅の危機を迎える寸前で、自然保護や公共事業のあり方をめぐる国内外の論争が、噴出しつつあったころだ。

白木峰高原に到着すると、目の前には約三千ヘクタールという干潟が広がる諫早湾奥部と、市街地から蛇行しながら湾に注ぐ本明川の流れがかすかに見えた。高原には一九九六年秋に天体と花の「コスモス」、それらを描いた絵画が楽しめるという市の体験学習施設「コスモス花宇宙館」がある。この日は彗星のほか、午前中には部分日食も見られるというおまけまでついた。天体の不思議を観測しよう、と大勢の愛好者らが詰めかけていた。星空のロマンもちょっぴり感じたが、夜明けを待っていると、潮が湾の奥へ満ちてきて干潟の表情が刻々と変わっていく様子が目に飛び込んできた。朝のやわらかいオレンジ色の光が水面に反射した。月の引力が演出した地球の営みだ。遠くには、建設中の潮受け堤防が見えた。

「ギロチン」前後

最後まで潮流が自然に出入りしていた部分は、島原半島側にある南部排水門付近から北西へ千二百四十メートルの区間。この部分には架台と呼ばれる鋼鉄製の構造物が並んでいた。鉄製の板が一斉に落ちて、潮を止める仕組みだ。フランス革命のころ、罪人の死刑に使われていたとされる「ギ

潮止めで死んだ貝をあさるカラス（97年5月、吾妻町沖で）

ロチン」のようで、そのまま通称になった。鋼鉄製の板は一枚が幅約三・七メートル、高さ六・三メートルで重さ約三トンもあった。二百九十三枚の板を支える留め金を水圧ではずして次々に落とすことで潮流を一気にせき止める。作業は、四月十四日の干潮時を選んで農水省が進めた。

湾奥部への潮の流れを断ち切る作業が、いつ決行されるかは、一九九六年末ごろからマスコミの関心の的になっていた。私自身は「ひょっとしたら先送りされるのではないか。いや環境への配慮が大事な時代になっているのだから、見直しもあるのではないか」という甘い期待も抱いていた。しかし、九州農政局諫早湾干拓事務所に通って、潮止めの日程を探ると、農水省サイドの「やる気」は消え失せるようすはなかった。では、いつか。「潮止めをするには潮の干満の動きが少ない小潮の干潮時がよい」という農水省側の判断基準をもとに予測記事を書いたが、九七年三月中の潮受け堤防の仮閉め切り工事はないままだった。

四月十四日に潮止めをするという農水省の決定の連

潮受け堤防の閉め切り区間

絡が、十二日夕方に入った。不意打ちにあったような印象を受けた。「防災ならほかにやり方はあるはずなのに、余りにも環境への配慮がない。政治が貧困すぎる」という思いに駆られながら、取材の前線本部となる拠点を潮受け堤防南側の島原半島・吾妻町の旅館に置いて臨時電話を引くなどして準備した。

仮閉め切り作業の式典は南部排水門のそばに紅白の幕を飾って進められ、当時の高田勇・長崎県知事や吉次邦夫・諫早市長、九州農政局諫早湾工事事務所の田村亮所長（当時）らが参加。地元の農家代表らも招かれた。水圧装置を作動させるボタンはダミーを含めて十一個用意された。死刑執行の際もだれのが決め手になったか分からなくするためダミーが用意されるそうだが、潮受け堤防の仮閉め切りの場合も、形は死刑執行と似ていて責任逃れのように見えた。

仮閉め切り工事は、潮受け堤防工事現場入り口にフェンスを設けて人の出入りをチェックしながら進められた。干拓事業の見直しを訴えて抗議行動に立ち上がったＮＧＯ（非政府組織）・日本湿地ネットワーク代表で諫早市に住む山下弘文氏ら地元住民らは、しばらく中に入るのを阻まれた。怒号が飛び交う中で午前十一時三十分ごろ、一斉にボタンが押され、鋼鉄製の板が次々に水しぶきを上げながら落ちた。抗議行動に参加した年配の女性は、念仏を唱えていた。その衝撃的な映像は新聞やテレビで国内外に流された。潮止めのシーンを振り返ると、何千羽というシギやチドリなどの渡り鳥が群れて飛ぶ姿やユーモラスなムツゴロウなどの姿、秋に赤く紅葉する塩生植物・シチメンソウ群落の光景が頭の中でダブってくる。むなしい気持ちに襲われた。

水圧装置を作動させることは、まさに干潟を死に至らしめ無数の生き物の息の根をとめることにつながる。潮受け堤防の仮閉め切り工事は、干拓事業の中で大きな節目となった。

九州西北部にある長崎県は、朝鮮半島に近い対馬や壱岐、隠れキリシタンの島・五島列島など多くの離島を抱える。諫早市は、潮の干満や生息する生き物の種類などが異なる三つの海に面していた。広大な浅海干潟があり潮の干満の差が五メートルを超える有明海の一部の諫早湾と、潮の入れ替わりが遅い大村湾、それに外洋に面した橘湾だ。しかし、諫早湾干拓事業で四月十四日、潮受け堤防の仮閉め切り工事があり、潮流が遮断され、ひとつの海との縁を切った。そのしっぺ返しが、来ないとは限らない。

そしてタイラギの休漁や赤潮によるアサリ貝の死滅被害に次いで二〇〇〇年十二月から二〇〇一年一月にかけては、有明海の養殖ノリが色落ちする深刻な被害が広がった。

漁業不振が干拓事業によるものかについては、農水省や環境省などが二〇〇一年度に調査を進めることになったが、有明海全体の生態系のバランスを崩す一因になったことは否定しがたいのではないだろうか。

干潟が変わった

豊饒の海

干潟と言えば、アサリ貝などを掘る潮干刈りや渡り鳥の観察などを連想する人たちが多いだろう。最近では、海岸近くに住んでいても、埋め立てられたり汚れたりしてなかなか親しめる環境でなくなったという人や、沖縄や鹿児島県奄美群島などのようにサンゴ礁の海の方がなじみ深いという人たちもいるにちがいない。海に囲まれた日本列島には、海岸や河口に潮流や川の流れで運ばれた砂や泥、動植物の腐敗、分解したものなどが堆積した場所、つまり干潟がある。潮の干満が繰り返され、プランクトンの栄養になるものが豊富な環境だ。潮干刈りや渡り鳥の観察などのレクリエーションの場にもなっている。

潮止め前、諫早湾の干潟は、島原半島の吾妻町などの海岸が砂と泥が混じった「砂泥質」だったのに対し、大部分の区域が、ソフトクリームみたいに軟らかい泥の海だった。旧海岸堤防近くの、干潟の表面が固くなったように見える場所でも、油断して歩くと、ズボッと膝ぐらいまではまってしまって動けなくなることがあった。黒っぽくて汚いように見えるが、よく観察すると、実にさまざまな生き物が生きていた。泥の中の有機物を餌にしているゴカイやカニ、二枚貝などは砂や泥の中に潜り込むことによって酸素を送り込む。干潟に送り込まれる「汚れ」を浄化する役割をしていた。

干潟には、貝やカニのほかにエビや小さな魚たちがたくさんいた。カキが育つ場所もあり、藻場がある浅瀬と同じく産卵に適した場所だった。栄養となる有機物を貝やカニが食べても、そのままだと干潟はきれいにならない。貝やカニの体の中にとどまってしまうからだ。野鳥たちのエネルギー源になったり人間が貝掘りや漁をして干潟の恵みを水揚げしたりすることが、自然界の「物質の移動サイクル」につながる。

ゴカイやカニ、貝、エビ、小魚を餌にしている渡り鳥たちもたくさんの種類が飛来した。春先と秋口に東南アジアやオセアニアとシベリアなどの北国を行き来するシギ、チドリ類の観察記録数が、日本一になったこともある。シギ、チドリといっても体長一五センチぐらいのトウネンや二一センチのハマシギ、体長六〇センチ前後のダイシャクシギなどさまざまで、餌の種類や捕食方法ですみ分けをしている。ハマシギは、数千羽の群れで干潟の上を波を打つように飛び、野鳥観察を楽しむ人々を感動させた。

干潟に出かけて鳥たちが餌を捕っているシーンを双眼鏡や望遠鏡で観察すると、餌の種類や捕り方が種類によって異なり、興味深い。シギ・チドリの仲間といってもくちばしの長さや形が異なり、それは餌の種類や捕り方に関係している。大型のダイシャクシギのくちばしは、弓なりに曲がっていて長い。観察していると、くちばしを干潟に突っ込んで小さなカニを捕る。カニの穴にうまくくちばしを入れて探すらしい。オオソリハシシギのくちばしは、やや長くて上に反っているが、これ

羽を休めるダイシャクシギ（96年11月）

もゴカイなどを探すのに便利なように形ができあがったのだろう。

シギ、チドリ類だけでなく冬場に北国や中国大陸、朝鮮半島などからやってくる渡り鳥たちも、貝や小魚、海草などを餌にすることによって自然の物質の循環に大いに貢献している。干潟の生き物の世界は、それぞれが餌として食べたり大型の生き物に食べられたりする食物連鎖の関係があるが、冷静に観察すると人間を含めて相互に依存し合っていたのだった。秋から冬場、春先にかけて観察できた渡り鳥の仲間には、トキの仲間で世界に六百羽ぐらいしかいないというクロツラヘラサギや、中国で繁殖が確認されているズグロカモメ、美しいツクシガモなど珍しいものもいたのだ。

ラムサール条約にも登録できた

「水鳥の生息地として重要な湿地を国際的に保護しよう」というラムサール条約がある。条約をつくる国際会議がイランのラムサールで開かれたことから、そう呼ばれる。条約に加盟した国は、保護する湿地をスイスにある条約事務局に登録し、保全計画をまとめて実行しなければならない。日本は一九八〇年に加盟。九九年五月までに、タンチョウヅルが生息する北海道の釧路湿原や千葉県の谷津干潟、沖縄県の漫湖など合わせて十一個所が登録されている。登録に必要な要件は、干潟で観察される、ある種類の鳥の数が世界全体で確認された数全体の一％以上であることなどが挙げられている。シギ・チドリ類の飛来数が、日本一多かった諫早湾の干潟は、ラムサール条約の登録基準を満たしていた。干潟の保全運動を進める住民団体などは、登録を環境庁に働きかけたが、肝心の地元の行政の反応は皆無と言ってよかった。

潮止めの工事があった九七年四月半ばは、シギやチドリ類が東南アジアやオセアニアからシベリアやアラスカなどの北国に渡る途中に、日本各地の干潟や河口に飛来する季節だった。日本野鳥の会長崎県支部（鴨川誠支部長）では、定期的にシギ、チドリ類を観察し記録をまとめている。九七年四月六日の観察記録では、ダイゼンが五百五十五羽、ハマシギ千五百羽、オオソリハシシギ四百九十五羽など十一種合わせて二千六百十五羽だった。湾奥部への潮流が途絶えた後しばらくは餌も捕れたため群れ飛ぶ姿が見られたが、潮が満ちて来ないことから、観察しやすい旧海岸堤防近くまで寄って来ることが少なくなった。それでも四月二十八日にはダイゼン四百八十羽、ハマシギ五千五百羽、ダイシャクシギ百五十羽、チュウシャクシギ二百九十六羽、オオソリハシシギ二十七羽など七種合わせて六千五百八十七羽を観察した。この時期は、秋に紅葉する塩生植物のシチメンソウが芽吹くころで、諫早市小野島町沖の干潟では四月上旬に、緑色のシチメンソウが芽を出した干潟に、夏に向けて腹や胸の羽の色を煉瓦色に変えたオオソリハシシギの大群が姿を見せた。だがこの春以降、諫早湾奥部ではシギやチドリ類が数千羽の群れで観察されることはなくなった。

諫早湾の野鳥観察記録（日本野鳥の会長崎県支部のまとめから抜粋　シギ・チドリ類）

種　類	1996年4月6日	5月6日	8月4日	10月27日	11月24日	1997年3月8日	4月6日	4月28日	8月10日	10月5日	1998年1月25日	3月14日
コチドリ												
シロチドリ	4		8	15	98	9	2			3	12	
メダイチドリ	95	15	2	10	53							
オオメダイチドリ												
コバシチドリ												
ムナグロ												
ダイゼン	678	911	65	500	681	891	555	480	284	389		4
タゲリ				6								
キョウジョシギ	1		1					1	5			
トウネン	5	30			3	1				20		
ウズラシギ	1	15										
ハマシギ	7208	4950	82	2000	3420	5000	1500	5500	210	245	60	351
サルハマシギ		3										
コオバシギ			2	4								
オバシギ	34	4	8	20	1		10		2	13		
エリマキシギ												
キリアイ												
オオハシシギ		3		1		1	1					
ツルシギ							1					
コアオアシシギ	1			1								
アオアシシギ		158	115	24	8	6	12	33	100	86		
カラフトアオアシシギ												
キアシシギ		2	1			2			3			
イソシギ												
ソリハシシギ		1	87						16			
オグロシギ		11	8	27	1							
オオソリハシシギ	197	66	21	6			495	27				
ダイシャクシギ	20	24	49	110	328	341	24	150	116	57	72	
ホウロクシギ	3	39	17	34	2	5	12			54		
チュウシャクシギ	1	403	356		2	2	3	396	70			
ミヤコドリ											1	
種類数合計	13種	16種	15種	14種	11種	11種	11種	7種	10種	8種	4種	2種
シギ・チドリ類個体数	8248	6635	822	2758	4597	6258	2615	6587	812	867	145	355
その他主な鳥									フラミンゴ1			
ズグロカモメ					175	316					15	
ツクシガモ						468			1		264	

死屍累々たる風景

潮止め後、潮の干満がなくなる一方、潮受け堤防より湾奥部の調整池は、排水門の操作で、ふだんは水位を海抜マイナス一メートルに保つように管理されることになった。この結果千百ヘクタール余りの干潟が露出し、乾燥が進んだ。潮の干満が消えるのだから海水が湾奥部に入って来なくなり、大雨や河川で運ばれる水で淡水化がどんどん進むと見られていたが、そう急にはしょっぱさは消えなかった。潟土《がたつち》に含まれる塩分が溶け出したり砂と石で築いた潮受け堤防から海水が浸透したりしたのだった。

それでも露出した干潟では、行き場を失った無数のハイガイやカキなどの貝やカニなどの死に絶えた姿が観察されるようになった。干潟の表面が軟らかく、歩いて観察できる状態ではなかったため、貝の死んだ様子は当初分かりにくかったが、気温が上昇するに連れて死臭がひどくなり、湾沿いにカキの漁場があった高来町や吾妻町では「臭いがひどくて窓を開けていられない」という住民からの苦情が町役場に寄せられた。異臭は少なくとも一九九七年五月いっぱいは続き、死んだ貝などを求めてカラスやトビが群がる異様な光景が見られ

ガザミの死骸（97年８月、諫早市沖で）

た。

海洋性の魚や貝などが死ぬことは当然予想され、九州農政局は潮止め工事の一週間後、調整池で魚の一斉捕獲作戦をした。コノシロやボラ、チヌなどの魚の資源保護と、死骸によって調整池の水質が悪化する負荷を減らす狙いがあったが、潮受け堤防の外側に放流できたのはほんのわずかだった。

干上がった潟の上では、どんなことが起きていたのか。潮止めの一年目（一九九七年）は、人の目に触れやすい場所では、乾燥が進んでヒビ割れが生じていくのが目についた。カニやムツゴロウたちは、軟らかい潟土に穴を掘っては潜り込んだ。大雨が降れば少し軟らかくなり、ムツゴロウなどが活動しやすくなる状況がしばらく続いた。一方、貝は累々とした死骸を重ねた姿をさらけ出した。

潮止めから二カ月が経過した九七年六月半ば、私はゴカイなどの底生生物に詳しい鹿児島大学理学部の佐藤正典助教授といっしょに諫早市小野島町沖合の干潟を見て回った。一キロぐらい沖合に行ったあたりだったと記憶しているが、赤貝の仲間のハイガイなどの死んだ殻があちこちで見つかった。臭いはそれほど感じなかったが、さらに沖合にも白いものが蜃気楼のように見えた。望遠鏡を取り出して見てみると、やはり貝の死骸だった。ハイガイやサルボウなどだ。貝の死骸があった範囲はざっと沖合約一キロ、幅五キロぐらいだっただろうか。佐藤助教授は、途中で干潟の土を掘り起こしてゴカイなどがいるか調べたが、硬くなった土には大きなゴカイはほとんどいなかった。

ムツゴロウやトビハゼは水辺で生き延びていたが、ひび割れした部分では干からびて死んだムツゴロウの姿も見られた。佐藤助教授は無数の貝の死骸に驚きを隠さず「これを見れば、いかに諫早湾の生産力が豊かだったか想像がつきますね」と語っていた。

試験栽培も実らず――生態系の変化

潮の満ち引きがあった場所は、潮止めから約四年が経過したいま、一面の草地になっているが、もちろん短時間に変わったわけではない。よほど塩分に強い種類の植物でないかぎり根付かない。湾に流れ込んでいる川の河口部で、砂やカキ殻があるところに大雨で土砂や植物の種子などが運ばれ、芽吹いていった。ハルノノゲシやシロザなどだ。ごくわずかだが、ポピーやミニトマト、トウガラシも見かけた。

塩分に比較的強いシチメンソウは、諫早市小野島町から隣の森山町田尻名にかけての沖合に自生していて、延長約一キロ余り、最大幅百メートルの大きな群生地があった。理由がはっきりしないが、潮止めの後、根元に空気を供給していたカニなどの活動が止まったり鈍くなったせいか、少しずつ枯れていった。逆に大雨で種子が沖合まで運ばれ、旧海岸堤防から二キロぐらい沖のところまで自生するようになったが、ポツンポツンと生える程度で群生するまでは至らなかった。九八年秋ごろまでは、堤防沿いの群生地の一部でシチメンソウの紅葉が楽しめたが、潮止めから二年余りが経つと、干潟の紅葉を見物に訪れる人もほとんどいなくなった。

九八年春には、同市川内町から小野島町にかけての沖合では、誰かが蒔《ま》いたアブラナ（菜の花）が育ち、黄色の絨毯《じゅうたん》が敷かれたような景色が広がった。それでも菜の花の根元には、大きなハサミを持つシオマネキが縄張り争いをしていた。植物の世界でも縄張り争いがあり、土壌中の塩分が薄れるに従って、シチメンソウが群生していた場所では、ヨシ（アシ）が勢力を伸ばした。繁殖力の強いセイタカアワダチソウが目立つようになった場所もある。

　潮止めから五百日になる前日の九八年八月二十六日付の朝日新聞によると、干潟の生き物のざわめきが消え、干潟の大部分は干陸化が進み、夏草で覆われるようになった。そんな中で九州農政局諫早湾干拓事務所は、「干潟」の乾燥を早めるため広い範囲で溝を掘り、作物の生育具合を見極めるため繊維原料として知られる熱帯産のケナフなどの作物を試験的に栽培していた。溝掘りは、干陸化した部分の潟土に含まれる塩分を除去するねらいもあったという。

　作業は、諫早市と森山町沖合の約四百二十ヘクタールを対象に進められ、海岸堤防沿いに幅五メートル間隔で、延長一キロから一・五キロにわたって溝が掘り続けられた。プラウ（すき）で掘る溝は幅、深さとも五〇センチ。九月末ごろまでに工費約一千万円をかけて作業が続けられた。

　一方、諫早市黒崎町から森山町の沖合では、五月下旬に飼料作物のスーダングラスを約十ヘクタールに、ケナフを一ヘクタールに種まきした。ケナフは、二酸化炭素を吸収する割合が高く窒素やリンを吸収して水質を浄化するとされる。環境保全策の面で注目される作物なので試験栽培したが、塩分の影響のせいか思うほど成長しなかった。

　草地になったところは、虫たちが繁殖しやすくなった。水たまりがある場所では、夏場に蚊が発生した。九州農政局諫早湾干拓事務所は九八年十月、かつて漁船の係留場所だった高来町の境川河口近くの船だまりを埋め立てた。この年の夏に住民から「蚊が発生して困る」という苦情が寄せられたのがきっかけだったが、船だまりにはヨシやヒエなどが生い茂り、ムツゴロウやトビハゼなどが生きていた。小さな虫が増えれば、それを捕食するカエルが増え、カエルを食べるヘビも生息するようになるという図式で生態系が少しずつ変わっていった。

野鳥の種類もガラリと変わった。初夏にはアシ原を縄張りにするオオヨシキリやセッカなどの野鳥がすみ、冬場にはヨシの茎に巣くう虫を食べるオオジュリンがやってくるようになった。カエルなどを餌にする猛禽《きん》類のハイイロチュウヒも観察されるようになった。草原の生き物に価値がないわけではないが、諫早湾干潟の生態系が果たした役割は、全国的にも見ても失う価値が余りにも大きすぎる。さまざまな種類の生き物や文化があってこそ、暮らしが豊かに、かつ興味深いものになるのではないか。干潟の生き物たちは、相互に依存しあって豊饒な海の環境をつくり出していた。

水質の変化

潮止め後、潮受け堤防の内側では、海洋性の生き物に変わって淡水性の生き物たちの世界が広がりつつある。ただ、しょっぱさがまるで消えたかというと、潮止めから三年が経過した時点でも、所によっては塩分が残っているようだった。九州農政局諫早湾干拓事務所は、調整池の水質がどう変化しているかについて毎週一回五カ所の定点調査を続けている。潮止め後も長崎県を通して調整池の中央部や本明川河口付近、森山町の有明川河口など五地点で測定した水素イオン濃度（ＰＨ）、ＣＯＤ（化学的酸素要求量）、リン、窒素、塩素イオン濃度など十四項目のデータを公表している（一部、次頁・別表）。海水か淡水かの目安になる塩素イオン濃度は二〇〇〇年六月十二日のデータによると、本明川河口付近では五四・七ppmだったが、調整池中央部では六〇〇ppmをやや上回った。農水省では農業用水に適するには五〇〇ppm以下を目安にしている。

潮止め前の九七年四月には一六〇〇〇ppmを記録していた。それと比べるとしょっぱさはぐんと減ったが、六〇〇ppmを超えたのは干潟の泥の中に含まれている塩分が溶け出したかららしい。それ

別表　調整池の水質の推移（農水省のホームページより抜粋）

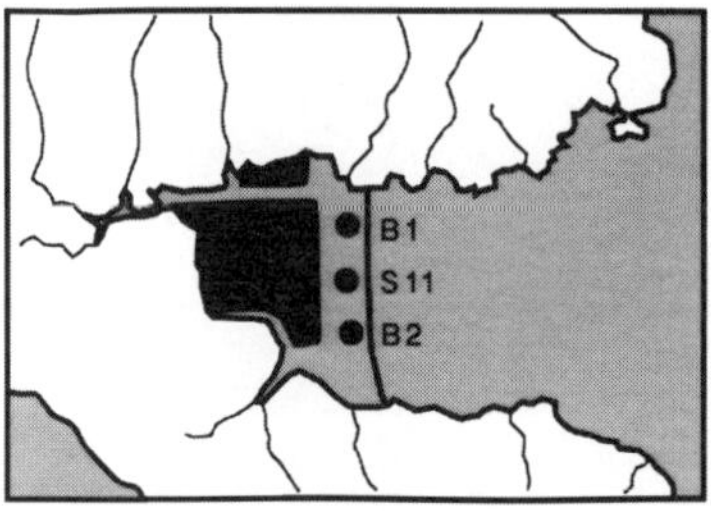

＊下表の折れ線は左図の3箇所の採水地点の平均値を示したもの。

①T—N（全窒素）の推移

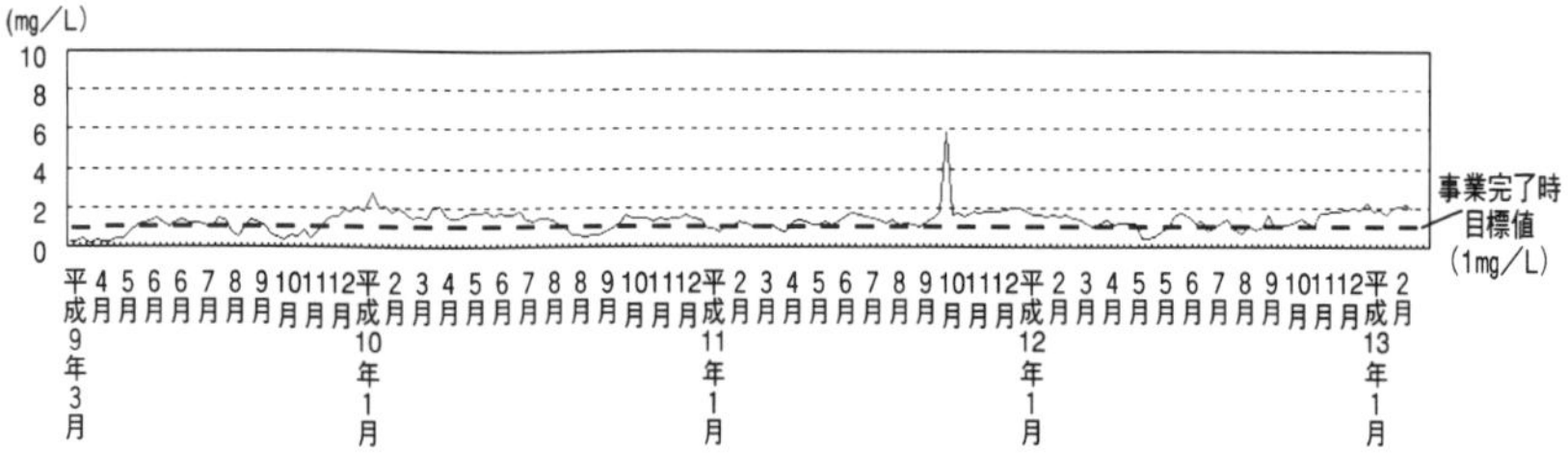

②T—P（全リン）の推移

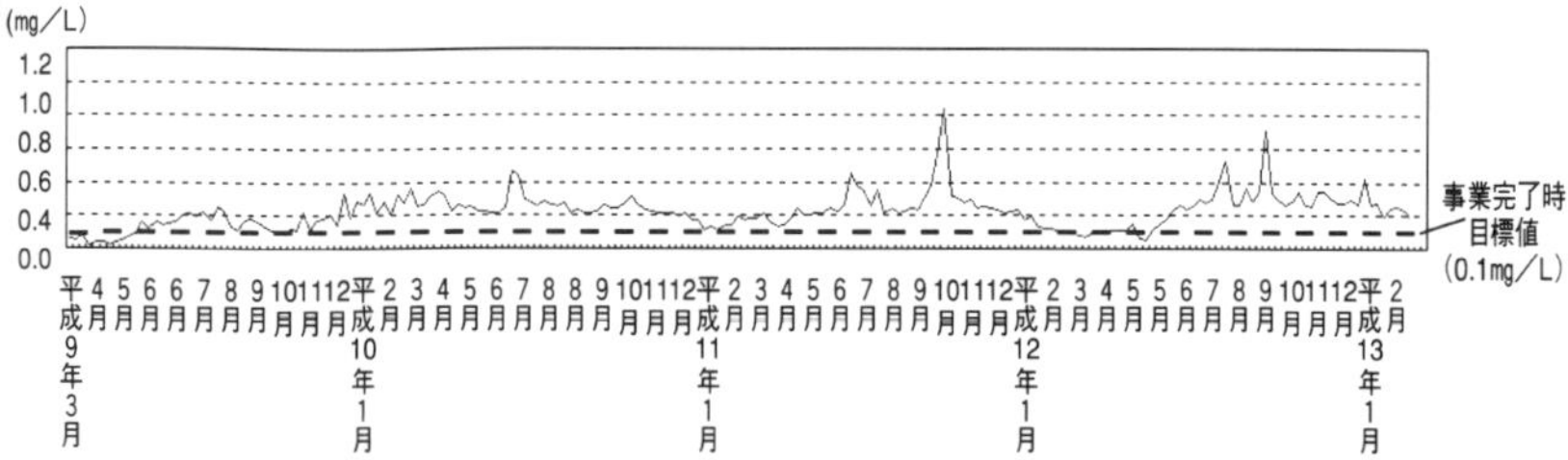

③COD（化学的酸素要求量）の推移

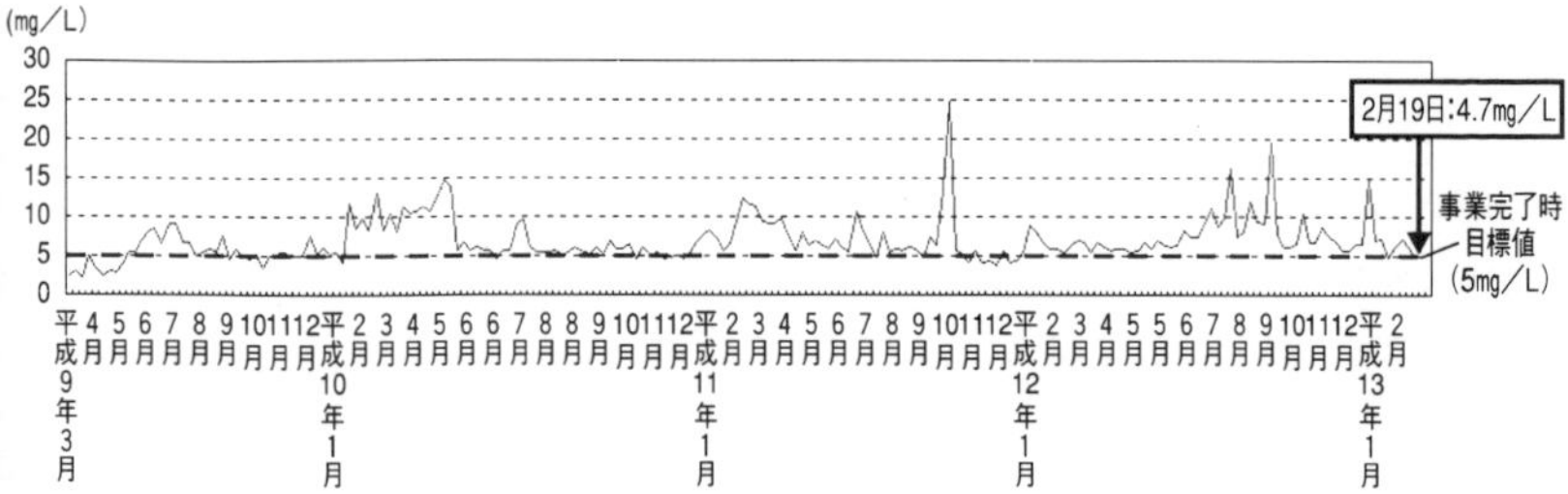

に潮受け堤防から海水が浸透するからでもある。農水省の環境アセスメントでは一日当たり堤防からの海水浸透量を五千トン程度と予測しているが、塩素イオン濃度が比較的高い時もあることから「浸透量が予想以上か、ある程度塩分濃度が高くないと、発がん性もあると言われる植物プランクトンのアオコが繁殖しやすくなるから排水門から海水を入れているのではないか」と推測する人もいる。

環境アセスメントでは、調整池の水質を良好な状態に保つための環境保全目標値を掲げている。CODは五ppm以下、窒素が一ppm以下、リンは〇・一ppm以下だが、目標値を達成するのはいまのところ困難な状況だ。

水質をきれいな状態に保つためには、干拓事業を見直して排水門を開放して海水を入れない限り、膨大な金を費やして公共下水道を普及するだけでは済まない。汚れのもとになる生活排水だけではなく田畑にまく肥料、農薬、牛や豚など畜産の排泄物が調整池に流れ込む量を減らすことも求められる。干拓事業の当初の営農計画では、酪農家四十二戸（一戸当たり乳牛七十八頭で八・一ヘクタールの農地）、肉用牛肥育農家三十九戸（同じく百頭で三・五ヘクタール）、野菜農家五百二戸（同じく二ヘクタール）の入植や経営面積拡大が検討されたが、環境保全の面からも営農計画の練り直しが必要になっている。農産物の輸入自由化の影響で酪農などが厳しい情勢にあるということも当然新たな土地での農業経営の不安要素になる。

いま世界の潮流は、魚介類の産卵の場であり、さまざまな命がはぐくまれる湿地を保護し、場合によっては開発した場所を回復させる傾向にある。自然とのつきあいや人と人との関係でも、さまざまな立場を認め合って支えながら生きていく「共生の時代」と言われる。日本人の自然観は、米の減反政策や環境の変化でずいぶん変わりつつある。一例を挙げればツバメをイネの害虫を退治する益鳥として大切にしてきたが、都市では稲作との関係を実感しにくい。日本でツバメなどが親近感が持たれるように、南半球ではシギ類が飛来することで季節感を味わう民族もいるように聞く。先進国の一員として、国際的に理解されるためにも、こうした環境への配慮も必要になるはずだ。

追いつめられる漁民

タイラギ漁民の悲鳴

地元で水揚げされる魚介類を、刺し身やすしで食べるのは、魚好きの人々にとっては楽しみのひとつだ。冷蔵技術や流通のしくみが変化したことによって、宅配便で水揚げ港からかなり遠くまで魚介類が送り届けられるようになったが、やはり新鮮なうちに食べるのが一番だ。諫早湾でも、すしネタになるさまざまな魚や貝類が水揚げされていた。コハダとも呼ばれるコノシロや二枚貝のタイラギが、その代表だろう。

潮受け堤防の閉め切り後、湾の奥部の調整池は淡水化が進んだ。その結果として海洋性の魚介類が獲れなくなった。そのことは当然のなりゆきだが、農水省の干拓事業計画で予想されていなかった現象も起きている。潮受け堤防外側の湾の入り口や島原半島でも、漁場に異変が起きて漁民らが「干拓事業の見直しを!」と「悲鳴」を上げているのだ。佐賀県境の小長井町漁協の組合員らの暮らしを支えていたタイラギは、一九九三年の冬以来八年連続して休漁に追い込まれている。

タイラギは、殻が三角形に近い形をしている。砂地の海底にとがった殻頂を突き出すようにして生息している。貝柱は、すしの材料になる高級な食材。有明海では、潜水器具を身に着けて貝を採る潜水漁が冬場に続けられている。漁期は十二月から翌年三月ごろまでだ。

諫早湾の入り口付近では、小長井町や島原半島の瑞穂町などの漁民らが「新泉水海潜水器組合」を結成して漁を続けてきたが、九一年ごろからタイラギが大量に死滅する被害が起きた。九三年の冬から休漁に追い込まれている。諫早湾干拓事業の工事が続けられた時期と大量死の問題が起きた時期が重なる。小長井町のタイラギ漁民らは、「潮受け堤防の工事に使う石材や砂を船で運んだり海砂を採取したりした際、浅い海底のヘドロが巻き上げられるなどしてタイラギが生息できない環境になってしまった」と指摘している。漁民らは九州農政局諫早湾干拓事務所に原因究明と救済を訴え続けた。農政局は、専門家を交えた調査組織を設けたが、五年以上が経過した段階でも「原因は不明」としている。

	1988年（昭和63年）	1993年（平成５年）	1998年（平成10年）
漁業経営体(戸)数	95	98	97
漁獲高(単位 万円)	49,548	41,848	26,334
１経営体(戸)平均漁獲高	522	427	271

長崎県小長井町の漁業（漁業センサスから）

長崎県内の諫早湾のタイラギ漁民は、小長井町を主体に九十人余りを数えたこともあった。しかし、潮受け堤防が完成した一九九九年三月になっても、貝の漁場はよみがえらず漁が再開できるか不明のままだ。小長井町では冬場の三カ月間に千五百万円前後の水揚げを稼ぐ人も多かったという。収入の大きな柱を失った人の中には、タイラギ漁をあきらめて潜水器組合を脱退したり干拓事業工事現場の下請け作業をするために会社を設立したりするケースもあった。

小長井町漁協では、潮受け堤防外側の干潟でアサリ貝の養殖場を整備、組合員らに区画ごとに貸し付けて暮らしを支えているが、アサリの水揚げも、大幅に減少した。漁協関係者らは「調整池の水質が悪化したことなどの影響と考えられる。貝を餌にするトビエイが出没し、アサリが食べられる被害も出ている」と指摘する。

このほか諫早湾では、粒は小さいがカキが獲れていた。瀬戸内海などのように海中に吊すのではなく、干潟でカキを養殖していた。高来町などでは、毎年十一月ごろから翌年三月ごろまで、海岸沿いでカキをバーベキューのように焼いて食べさせるカキ小屋が名物だったが、潮止めの後は諫早湾でカキを水揚げすることができず、養殖物を仕入れるようになった。

人生が一変

干拓事業は、諫早湾奥部沿いの諫早市民らの命と財産を高潮や洪水の被害などから守る「防災対策」と「優良農地造成」を目的に挙げているが、一方では、干拓工事が始まったころから小長井町などの漁民らの暮らしを一変させた。漁船の建造費返済などに追われて干拓事業の工事現場で働かざるを得なくなった人が増えた。生活の苦しさから人生設計が狂い、中には離婚した人々もいる。

一九九九年九月十二日昼過ぎ、潮受け堤防（延長約七キロ）の北部排水門すぐそばの海上に、小長井町漁協所属の漁民らの漁船数隻が「汚い水は流すな」などと書いた横断幕を掲げて、抗議行動をした。潮受け堤防内側に、洪水に備えるため設けた調整池の水質がますます悪化しているのに、堤防外側の漁場への影響を十分考慮せずに排水を続ける農林水産省の姿勢に怒りを爆発させたのだった。

抗議行動をしたのは、小長井町で二枚貝のタイラギ漁を続けて休漁に追い込まれた漁民やアサリ貝養殖漁民ら十人ほど。この中に同町漁協理事でタイラギ漁民の組織・新泉水海潜水器組合長を務める松永秀則さん(四六)の姿もあった。

松永さんは諫早湾口でタイラギ漁を約二十年間続けていた。しかし、組合長を務める「新泉水海潜水器組合」の組合員らは、堤防工事が本格化した後の九三年以降、休漁続き。貝が育たない環境になったためだが、かつては約三カ月間で一戸当たり一千万円以上の水揚げがあったという。七年間で組合員数は半数近い五十一人に減った。

松永さんはその後、アサリ貝養殖で生計を支える傍ら、干拓事業の下請け工事にもたずさわる。干拓事業が始まっても漁で暮らしていけるはずだったのが誤算になって、長男に大学進学をあきらめさせる辛さも味わった。「子供にコノシロの投網漁の技術を身につけてもらって有明海で漁業を」と方針を転換したが、その願いすら不漁で断念に追い込まれている。九八年夏には諫早湾口で赤潮が発生し、養殖していたアサリ貝に被害が出た。「生活排水で汚れた水の放流が原因だ。防災のための干拓事業と言われて同意したが、漁で生計を立てられることが前提だったはずだ」と干拓事業への思いは不信に満ちている。

ある漁民の怒り

二〇〇〇年五月下旬に松永さんを訪ねて、抗議行動を起こすきっかけや、干拓事業で暮らしがどう変わったか、聞いた。

……アサリが全然だめになった。工事が着工されて以来、タイラギも死んだが、アサリの異変死が続いていた。干拓事業着工前は六月と十月にいくらか死ぬぐらいの状態で計画的に養殖もできた。それが寒い冬でも死ぬ状態が続くようになった。被害は九〇％というか、いや百％なんですよ。というのはタイラギも同じだが採算に合わなければゼロなんです。例えば五十キロ掘れるのが十キロしか掘れなかったら掘ってくれる人がいない。いくらかの貝がいても水揚げはゼロだ。

――アサリが死ぬのはどんな時季ですか。海の状況は？

いつでも死ぬ。死んだらガスが発生するから連鎖的に死ぬんです。アサリはどちらかというと河口がいい。いままで赤潮が発生しても大丈夫だった。赤潮が出てもアサリへの影響は考えなくてよかった。ただ赤貝に似たサルボウは死んでいた。潮受け堤防着工後二、三年ごろからおかしくなった。タイラギは悪くてもみんなが騒がなかったのは、アサリがまだよかったからなんです。私たちみたいにタイラギだけでやっていた漁民は、アサリの養殖場を持っていなかったからかなり痛手を受けた。タイラギが死にかけたのは平成二年（一九九〇年）ごろから。潮が変わりかけてからだ。生態系が変わった。アサリはこの春先（二〇〇〇年）は実入りがよかった。

――被害が出るのはどの付近ですか。

潮受け堤防に近いところがいちばん被害がひどい。昨年の水揚げは最盛期の三分の一ぐらいに減ったと組合では言っているが、潮受け堤防の近くはゼロだ。今年になって最盛期の十分の一ぐらいの水揚げがあった。まだ落ち着いているとはいえない。潮受け堤防の内側では内部堤防の工事が続き、調整池の水が攪拌《かくはん》されている。人体には影響がなくても貝に影響が出る。内部堤防工事が始まる前、潮受け堤防の内側で調整池がかきまぜられて汚れた水がどんどん流されたらたまったもんじゃないと、アサリ養殖をやっている十人ぐらいで行動を起こした。

漁協の方では（干拓事業の影響対策として）雇用の問題と融資、振興策の三本立てで考えていた。雇用ですら、よその建設業者が入っていた。長崎県の諫早湾特別対策事業では、個人で砂を入れてアサリ貝養殖の漁場を管理していたが、個人の負担金を一〇％から五％軽減されることになった。小長井町漁協の組合員百人余りのうち三十五人ぐらいが、干拓事業にかかわっている。水がこちらに流れてくるということで海に配慮する事業者じゃないと受け入れられないということだ。私もこれからやってみようと考えている。やらないと生活ができんような状態になっている。

——コハダやコノシロじゃやっていけなくなった？

いやあ、いま有明海全体がおかしくなっている。だから佐賀県の漁民らが騒いでいるんですよ。魚が熊本新港付近で留まって入ってこない。産卵場は諫早湾のほかにもあったが、ほかにあるから一カ所をつぶしていいっていうものでもない。生態系が壊れてしまった。干拓の作業を何人か組んでグループで請けるしかない。内部堤防をつくるため砂を入れる作業だ。だが干拓事業に、防災効果があるか疑問だ。有明海全体が死ぬような状況になっている。個人的には干潟を残すようにしてほしい。干潟の浄化作用もよみがえる。

潮受け堤防から三キロぐらい離れた場所で定置網漁をやっているが、排水門が閉め切られている時は魚が回遊してくるものの、放流のため排水門がひんぱんに開く時は魚が極端に減ってしまう。川の水に強いボラやチヌ、スズキだ。これらの魚は赤潮を嫌う。潮の流れが極端に変わった。小潮の時は潮がほとんど動かない。大潮の時でも、かつての小潮の時のような流れになった。網を揚げるのは楽になったが魚が少なくなった。干拓事業の工事に携わっている人たちの考えからすると、もう後に戻ろうという期待はないようだ。漁ができるという期待もなく、頭からあきらめている人たちが多い。若い人たちは漁業の技術よりも土木の技術の方が勝るようになった。私たちみたいな中堅層は、海さえあれば愛着があり自信もある。漁場の再生に期待もしているのだが。

――潮受け堤防の外側の漁業者は、漁で生活ができることが前提のはずでしたが。

漁業権の消滅補償ではなく影響補償のはずだった。影響補償は全体の補償の中の三〇%。生活すらできないような状態になったら、訴訟を起こして勝ったとしても何十年先になる。そこまで漁民が生活ができるものか。行政に救済策を要望して、取れるものを取って行こうということになった。力がない。

――小長井町の漁民は最後に近い局面まで反対運動をしてきましたが。

防災という名目で、了解せざるをえなかったんです。諫早市民の命を守るために、と言われたら反対を押し通すことはできなかった。だが、潮止め後、大雨の時には諫早市街地は水浸しになった。とにかく矛盾だらけだ。防災というのは私たちを納得させる材料だった。私たちも勉強不足だった。なんで農水省が防災をやるのか。建設省がやることだと思う。当初、潮受け堤防の排水門は南部の島原半島側だけに置く計画だった。私たちは、漁場環境を守るため北部の本明川の河口の先に排水門を造ってほしいと言っていた。排水門がなければヘドロがたまってしまうと考えたからだ。ところが建設省の指摘で北部に六基の排水門が造られた。しかも予想していたよりも多い数。アサリの養殖場への影響が大きいが、それを指摘すると「あなたたちが排水門を希望していたから」という。自ら責任を取ろうとせず、こちらに押しつけようという姿勢だ。責任者がいない。言いっぱなしやりっ放しの行政だ。長崎県民は望んでいない。

――地元で議論する場はなかったのでしょうか。

諫早市などの推進派は、私たちのことを考えていない。防災や排水不良の解消策は、大型のポンプ設置や海岸堤防の改修、かさ上げということも考えられるが、私たちの場合は、代替策がない。どういう風な生きる道があるか、教えてくださいと言っても答えきれないと思う。お互いに議論しあう場がなかったし、行政はやってこなかった。

――干拓事業で暮らしに大きな影響がでていますが……。

昨年（一九九九年）十月ごろから、息子は干拓事業の工事の仕事に行っている。コハダの投網漁は、採算が合わずにだめになった。人生設計が狂った。タイラギが育っていたもんで、ふつうだったら四、五年で返済可能ということで借金してエンジンを取り換えたり船を造ったりした人が多い。タイラギの潜水漁の道具はあるが、新泉水海潜水器組合の組合員は現在五十一人。瑞穂町が十七人、小長井町が三十四人で組合員は減る一方だ。弱体化するばかり。引き留めるすべがない。

タイラギの生息地が復活する望みはない。稚貝はいくらか立つが、殻長五センチぐらいまで育って、その後死ぬ。死ぬ原因が何なのかわからない。最初、貝が死んでいたころはヘドロが積もっていたが、いまはそうでもない。タイラギが育つのには砂地がいいが、そんな所が少なくなった。きれいなところもあるが、ヘドロは動く。潮受け堤防で閉め切られたことで、干潟に打ち上げていた浮泥が、湾奥部まで行かず、濁りとなって沈着するようになったことも考えられる。

干拓事業の影響で人間関係も壊れてしまった。生活の形態が変わってしまった。干拓工事に行く方がいいみたいになり、組合員数もそちらが多く漁業で飯を食う人の力がなくなってきた。少数意見で動くわけにもいかない。漁を続けるか、迷っている。定置網は一人で行けるが、加工した魚を取引する業者とのつきあいも切れている。年配の人たちが専業で漁を続けるだろうが、高齢者の漁協になってしまう。後継者がいなくなると技術の伝承もなくなるだろう。先は厳しい。

「事業の完成を祈念します」——漁民泣き寝入りの実情

二〇〇〇年八月、赤潮が発生してチヌ（クロダイ）やシタビラメ、スズキ、カニなどの魚介類が干拓潮受け堤防付近で死滅、小長井町沿岸のアサリ養殖場では貝が大量に死ぬ被害が出た。小長井町漁協が同年八月末に長崎県に提出した被害状況報告書によると、アサリの死滅は十日に確認され、町内の長里《ながさと》や遠竹《とおたけ》地区沖ではほぼ全滅状態だった。稚貝と成貝合わせて約千二十七トンが死に二億六千四百万円余りの被害を受けたという。

小長井町漁協は八月三十日、長崎県に赤潮の被害を受けた漁業者らへの支援対策や漁場の調査、研究、潮受け堤防の内側と外側の水質改善策をとるように要望書を提出した。要望書には、潜水器具によるタイラギ漁が一九九三年以来休漁続きであることや、九八年に赤潮で天然魚が大量死したほか、アサリ貝が大量に死滅する被害が毎年出ていることが記されていた。

そして苦悩の様子を次のように訴えた。

「漁業の実態は厳しく、現在は（干拓）事業着工以前の一割にも満たない水揚げ高となっており、漁家存亡の危機に直面しております。潮受け堤防完成後、従来とは異なる赤潮の長期化、広域化により魚介類に与える影響は著しく、漁業経営の柱として力を注いで参りましたアサリ貝養殖も大量斃《へい》死の頻発で漁業実態は極めて厳しい状況にあります」

その一方、要望書には干拓事業について「一日も早い事業の完成を祈念します」と書かれていた。漁業補償に応じたことや、生活を守るために干拓工事の下請けなどにかかわっている組合員が多いことから、「推進」の立場を取らざるを得ないのが実情なのだ。

漁場での異変を訴える声は、小長井町の隣の佐賀県太良町や長崎県・島原半島でも聞かれた。太良町大浦漁協によると、一九九八年度のタイラギの水揚げは約三千七百万円で、前年度の約六分の一。「海底にヘドロが堆積し、潮流も変わった。干拓事業の影響と考えざるをえない」と漁協幹部はいう。

九九年冬から二〇〇〇年春にかけては不漁が深刻さを増した。このため三月二十五日、大浦漁協の組合員ら二十五人が、潮受け堤防の排水門の開放を求めて高来町の北部排水門そばの海上で漁船を連ねて抗議行動をした。魚介類を供養する花束を海に投げ込んだという。

大浦漁協のタイラギ水揚げは一九九五年、九六年ともに二百トン以上だったが、潮受け堤防が閉め切られた九七年は九十七トン、九八年は十四トン、九九年冬は皆無に近かったという。

長崎大学工学部の予測

長崎県諫早湾の干拓事業で建設された潮受け堤防が、湾沿いの潮流や干潟の形成にどう影響するのか。長崎大学工学部の野口正人教授（環境開発工学）のグループが、数式を使って予測したデータを盛り込んだ論文をまとめ、一九九八年三月半ばに学会で発表した。この中で、同湾入り口の北部沿岸に泥が堆積する個所があることを指摘した。一帯は二枚貝のタイラギの漁場だが、海底にヘドロのようなものが堆積し、その影響などで漁獲が激減したり休漁に追い込まれたりしている。漁業関係者は「漁場環境の変化が研究で裏付けられた」と言っている。

論文は、「閉め切り堤防の建設が河口部や沿岸域の干潟に及ぼす影響の予測」という題で野口教授や西田渉講師らがまとめた。「干潟は多様な生き物の生息地で生態学的にも重要。水質の浄化にも貢献する」と指摘。河川から流れてくる土砂や潮流で運ばれる土粒子などが流速の変化などでどんな地域に多く堆積するかを数式で予測した。

その結果、潮受け堤防の排水門を、調整池の水位を一定に保つため操作し、海水を入れないようにした場合、諫早湾入り口の佐賀県太良町竹崎から三、四キロ湾奥部までの海域で、幅約二キロにわたって「泥土」が堆積しやすくなる。南北二カ所の排水門を開放して常時、潮流が出入りする状態にした場合は、排水門付近の流速が速くなり、潮受け堤防の前面に泥土が扇状に堆積する、と予測した。

九州農政局諫早湾干拓事務所によると、干拓事業に着手する前に行った環境影響評価（アセスメント）では、潮受け堤防の近くでは潮流が遅くなって泥土が堆積する傾向が出ると予測していたが、具体的な水域まではふれていなかったという。

ノリ被害勃発

色落ち現象

一九九二年冬、タイラギの水揚げが激減したことをきっかけに漁民らの間から「原因は干拓事業の影響」などと指摘する声が相次いだ。これを受けて農水省は九三年六月、原因究明のための組織として「諫早湾漁場調査委員会」をつくった。メンバーは、学識経験者四人と諫早湾沿いの四つの漁協組合長ら合わせて十三人。九七年三月までに委員会は十回開かれたが、潮止め以後は学識経験者らの専門部会が毎年三回開かれただけという。原因の解明は結論が持ち越されたままで、諫早湾でタイラギ漁が再開されるめどは立っていない。

原因究明が遅れる一方で、タイラギ漁の水揚げ不振は佐賀県や福岡県沖合でも深刻になった。さらに二〇〇〇年秋から二〇〇一年初めにかけては有明海の代表的な海産物である養殖ノリに異変が起きた。おにぎりや巻きずしなどに欠かせないノリは、黒っぽくて香ばしいのがおいしいが、色が黄色になってしまう「色落ち現象」の被害が広がった。植物プランクトンの珪藻《けいそう》プランクトンが異常に増えて赤潮が発生し、ノリの栄養分が奪われたことが「色落ち」につながったと考えられている。

ノリ養殖は、ノリの胞子を付着させたカキ殻を網につるし、晩秋から早春にかけて海上に張って育てる。窒素やリンなどの栄養分を吸収して成長したノリを収穫する「海の畑仕事」だ。収穫したノリを板状に乾燥したのが、ノリ巻きなどに使う板ノリだ。潮の干満の差が五メートルを超す有明海では、干潟や浅い海に支柱を立てて網を張る方法が一般的だ。海上に浮かせる浮き流しと呼ばれる方式は少ない。太陽にさらした方がおいしいノリがとれるという人もいる。

ノリ養殖は、沿岸の河川から運ばれる栄養分をおいしい海産物に変え、海の浄化にも大きな役割を果たしているが、黒くて香りがないことには商品化しにくい。ノリが黄色くなる色落ちは、例年だと養殖シーズンが終わる二月下旬ごろから見られるが、二〇〇〇年秋からのシーズンは十二月から色落ちが始まり、珪藻プランクトンによる赤潮が有明海全域に広がった。畑仕事に例えれば、野菜が育つ前に雑草が繁茂して収穫量が大幅に減ったというところだ。

二〇〇一年一月半ばに「全国漁業組合連合会」（全漁連）がまとめたノリの販売実績では、有明海沿岸の福岡、佐賀、長崎、熊本四県は合わせて約百七十七億円で、一年前のシーズンと比べて約九十七億円（三五％）減った。全国のノリ生産の約四割を占める有明海の記録的な不作でほかの産地でも単価が上昇した。ノリ不作は、加工業者らの経営やコンビニエンスストアのおにぎりの値段にも影響が出るという。

原因調査へ

不作の原因については、有明海の環境を研究している専門家やノリ漁民の間に「諫早湾干拓で湾奥部が潮止めされ、有明海の潮流が変化したことや、潮受け堤防内側の調整池の汚れた水が排出されることなどが考えられる」との指摘がある。珪藻プランクトンは、アサリなどの二枚貝の餌になるが、有明海ではアサリ貝の水揚げ量が減り、中国などから輸入した貝を干潟に放流している地域もあるほどだ。環境の変化で「食物連鎖」という自然のサイクルに異変が生じているとも指摘されている。

二〇〇一年一月十三日と二十八日には、四県のノリ養殖漁民らが「不作の原因は国の諫早湾干拓事業の影響だ」として、諫早湾奥部を閉め切った潮受け堤防前で大規模な海上デモをした。このうち二十八日の抗議行動は、主催者によると、漁船千三百隻余りで四県から約六千人の漁民らが参加したという。

これより先、不作で大幅な収入減になる漁民らは救済策として各県や国に融資などを要請した。佐賀県では、ノリ養殖への依存度が高い川副町などの七つの漁協組合長らが一月十六日県庁を訪れて、井本勇知事に「被害救済のための特別融資」と「諫早湾干拓事業の中止と潮受け堤防の排水門開放」を要望した。この時、井本知事は「諫早湾干拓も一因と思われる」と発言した。

農水省は、干拓事業による環境への影響がないか、ポイントを決めて水質などの変化を定点観測する環境モニタリング調査を続けているが、九州農政局設計課によると、調査地点は諫早湾内にしかなく有明海の広い範囲は対象にしていない。これまでのデータではタイラギの水揚げ減少やノリの不作との因果関係は分からないという。

ノリの記録的な不作が問題になって、農水省は二〇〇一年一月十八日、有明海ノリ不作対策本部を設け、作柄の把握と原因究明を進めることになった。一月下旬には、自民党の古賀誠氏、公明党の冬柴鉄三氏、保守党の野田毅氏の与党三党の幹事長らを始め、民主党の菅直人幹事長らが相次いで有明海のノリ漁場を視察した。谷津義男農林水産大臣は一月二十九日、諫早湾干拓事業が進む現地と有明海のノリ漁場を視察した後、「予見を持たずに徹底して調査する。因果関係が疑われるデータがあれば、水門を開けてでも調査しろと指示した」と記者会見で語った。

二〇〇一年度、諫早湾干拓事業は、農水省が事業の効果を再評価する「時のアセス」の対象にしていたが、ノリの不作という異常事態も重なり、環境省や国土交通省も加わって、有明海の異変が諫早湾干拓事業の影響と関係があるのか、調査が進められることになった。しかし七月末には参議院議員選挙があり、政治的な思惑も絡むにちがいない。ちなみに自民党の古賀幹事長は福岡県、保守党の野田幹事長は熊本県の選出である。

干拓事業を進める上で農水省は、諫早湾以外の有明海の漁業への影響が及ぶことを前提として福岡、佐賀、熊本の三県の漁連にも補償金を支払ったが、漁業補償交渉の過程で「予測し得なかった新たな被害または支障が万一生じた場合には、誠意をもって協議し解決するように努める」などとする「確認書」を一九八七年九月に取り交わしている（次頁参照）。九州農政局長と三県の漁連会長の間で文書に調印した。確認書には干拓で造成した土地を事業目的以外に変更する必要が生じた場合でも三県の漁連の承諾を得るように記してある。有明海の広い範囲で起きたノリ不作の問題は、この確認書に書かれていることに該当するというのがノリ生産者らの指摘だ。

有明海全体が変容――ノリ漁民の危惧

タイラギの休漁やノリ不作の原因については、立場によって見方が異なるかもしれない。有明海

諫早湾干拓事業に関する確認書

昭和60年10月３日付けで佐賀県有明海漁業協同組合連合会会長、福岡県有明海漁業協同組合連合会会長及び熊本県漁業協同組合連合会会長（以下「甲」という。）と九州農政局長（以下「乙」という。）との間で交した「諫早湾干拓事業に関する基本協定書」第２条に基づき提出された昭和62年２月13日付け「諫早湾干拓事業に関する諸条件について」(以下「諸条件」という。)について、下記のとおり確認する。

記

1　諸条件記の１について
甲及び乙は、諫早湾干拓事業に伴う漁業補償に関する協定を別途締結するものとする。

2　諸条件記の２について
乙は、国営諫早湾土地改良事業計画（諫早湾干拓）の土地利用計画について、造成地を事業目的以外の用に供するため変更する必要が生じた場合には、あらかじめ甲の承諾を得るものとする。

3　諸条件記の３について
諫早湾干拓事業に起因し有明海水産業に予測し得なかった新たな被害又は支障が万一生じた場合には、乙は誠意をもって甲に協議し、解決するよう努めるものとする。

4　諸条件記の４について
乙は、有明海水産業への影響並びに環境の変化を把握するため、定期的に調査を実施するものとする。

昭和62年９月26日

甲　佐賀県有明海漁業協同組合連合会
　会長理事　田中　茂（同連合会理事）
福岡県有明海漁業協同組合連合会
　会長理事　江上　辰之助（同連合会）
熊本県漁業協同組合連合会
　会長理事　井上　正徳（同連合会）
乙　九州農政局長　中島　達（九州農政局長）

有明海の県別魚介類水揚げ量

魚介類全体水揚げ量（単位はトン、九州農政局の統計資料から抜粋）

	1989年	1990年	1991年	1992年	1993年	1994年	1995年	1996年	1997年	1998年	1999年
福岡県	6988	6377	8944	6994	6041	7091	11583	8426	6399	5967	6730
佐賀県	19008	22476	19689	16747	18462	18700	18462	19550	15877	10552	10333
長崎県	11448	11480	8663	10681	8816	6752	7147	7636	6510	5503	4777
熊本県	21033	46684	28914	27374	12451	7737	5164	4995	5007	5296	5840

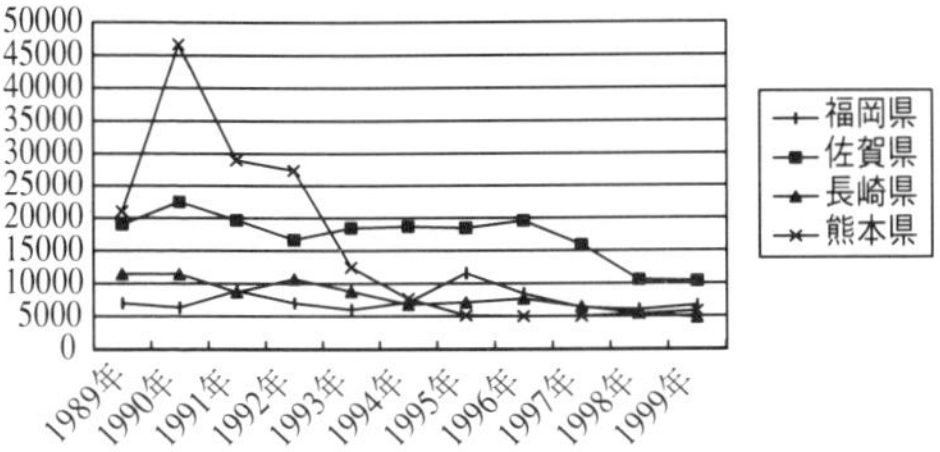

アサリ水揚げ量（単位はトン）

	1989年	1990年	1991年	1992年	1993年	1994年	1995年	1996年	1997年	1998年	1999年
福岡県	725	851	1163	1379	1350	3079	6095	2995	1463	1939	3506
佐賀県	824	396	335	359	398	597	3275	429	96	64	112
長崎県	529	915	552	976	1313	959	1323	987	801	627	486
熊本県	6896	3027	2038	4545	6049	2879	412	399	441	933	2257

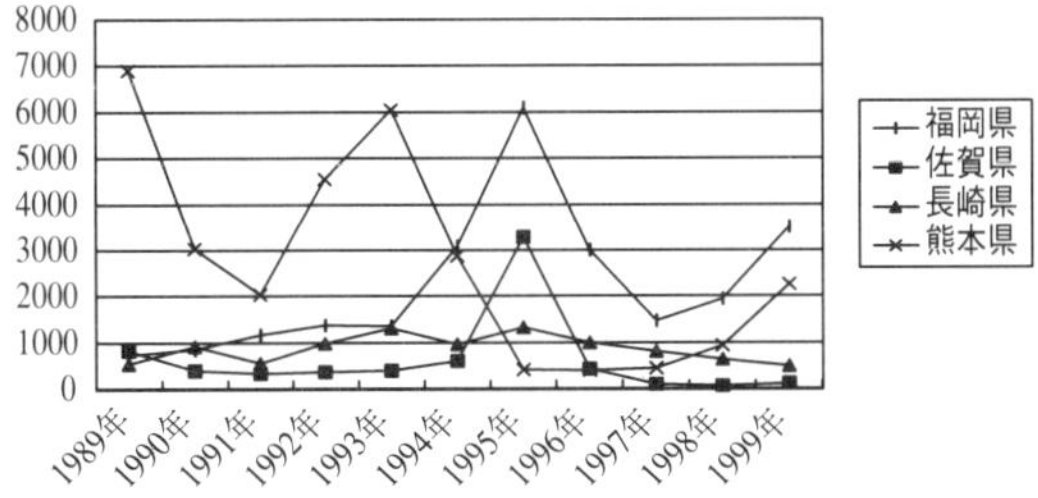

ガザミ水揚げ量（単位はトン）

	1989年	1990年	1991年	1992年	1993年	1994年	1995年	1996年	1997年	1998年	1999年
福岡県	71	68	75	52	35	37	28	33	30	32	30
佐賀県	266	326	313	243	257	231	161	191	179	186	159
長崎県	116	154	173	148	118	53	51	93	129	171	95
熊本県	80	96	132	144	114	102	91	92	86	162	113

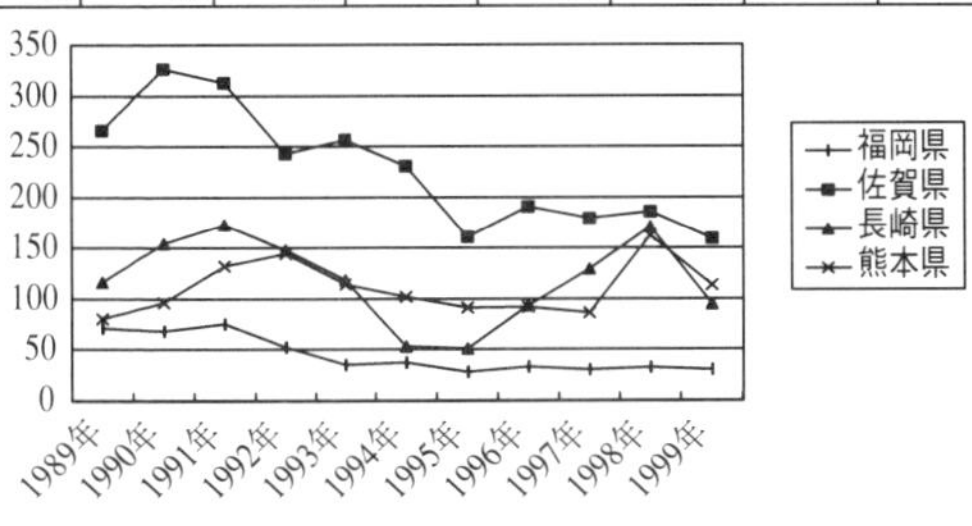

タイラギ水揚げ量（単位はトン）

	1989年	1990年	1991年	1992年	1993年	1994年	1995年	1996年	1997年	1998年	1999年
福岡県	718	1034	1430	790	248	95	465	1490	1394	525	175
佐賀県	754	2482	2976	1398	397	ー	343	2245	1792	553	79
長崎県	3658	3796	1233	403	67	0	ー	0	0	0	0
熊本県	43	31	60	46	11	15	6	51	246	103	65

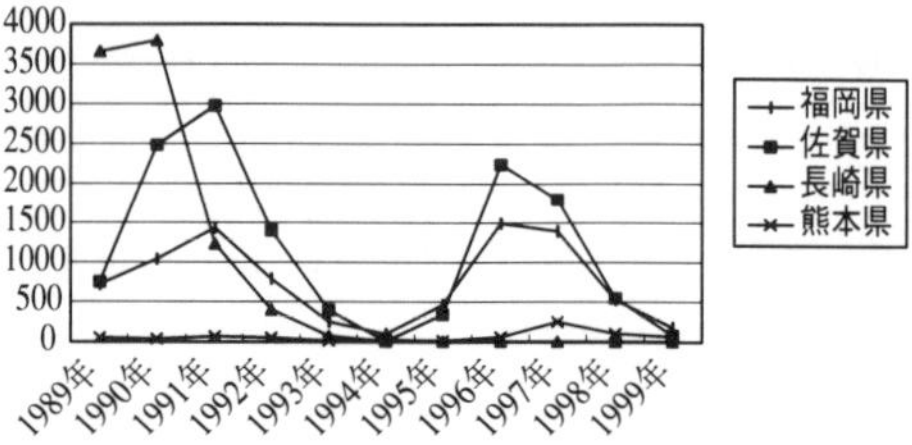

ウシノシタ水揚げ量（単位はトン、シタビラメの一種、地方名はクチゾコ）

	1989年	1990年	1991年	1992年	1993年	1994年	1995年	1996年	1997年	1998年	1999年
福岡県	160	82	73	77	61	51	50	46	37	43	38
佐賀県	241	206	207	204	180	163	155	162	153	152	148
長崎県	273	223	223	147	114	79	126	127	126	102	139
熊本県	223	239	200	268	195	150	123	161	143	137	125

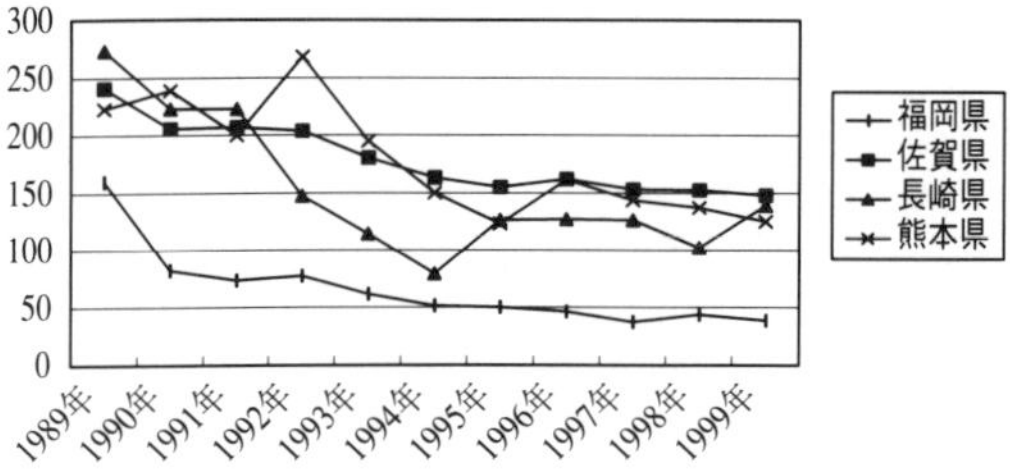

ノリ水揚げ量（単位は千枚　養殖年のデータ）

	1989年	1990年	1991年	1992年	1993年	1994年	1995年	1996年	1997年	1998年	1999年
福岡県	1365682	1289531	1526404	1465200	1543317	1533835	1500613	1284583	1467109	1448318	1293737
佐賀県	1213861	1129616	1284092	1253360	1691459	1646132	1811524	1220281	1780229	1793608	1537264
長崎県	56585	44600	37092	33558	28896	29579	37169	16572	29135	27481	27684
熊本県	1076843	901198	1063616	1028450	932686	1089550	1237756	1049138	1163096	986134	968160

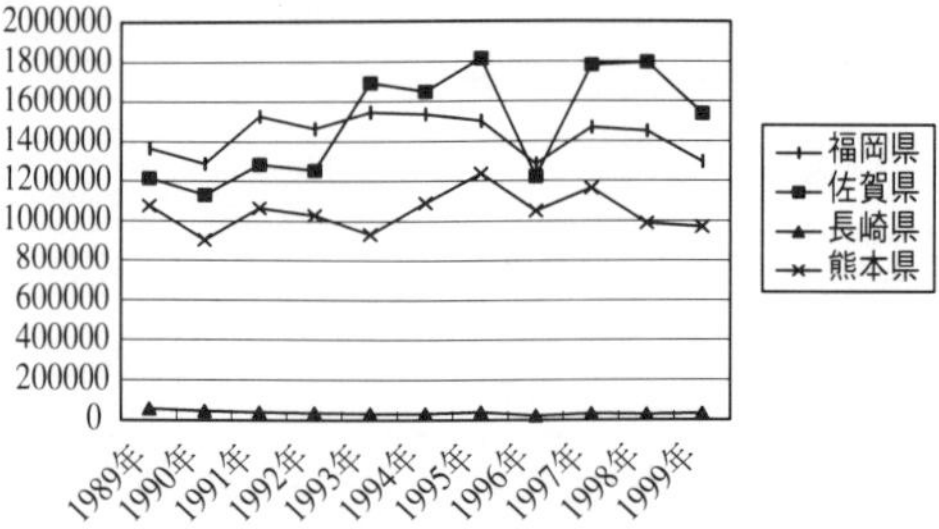

沿岸では、福岡都市圏の水資源確保のために福岡県南部の筑後川河口近くに筑後大堰が建設されたほか、熊本市沖を埋め立てて熊本新港ができるなど環境が変化した。科学的に解明するにも時間がかかるのだろうが、諫早湾漁場調査委員会がもっと危機意識を持って、幅広く情報を集め、さまざまな人の意見を聞くように努めていたならば、有明海の異変に早めに手を打てたのではないだろうか。干拓工事が本格的に始まったころから漁場の異変は起きていた。漁業不振の火種は、くすぶり続けていたとも言える。

一月二十八日の諫早湾の海上デモに参加した熊本市のノリ漁民で「天明水の会」という町づくりグループ会長を務める浜辺誠司さん（五〇）に、有明海の変容とノリ不作などについて、二月初めに聞いた。

浜辺さんは、有明海に注ぐ緑川の水環境をよくしようと一九九四年四月に漁師仲間らと「天明水の会」を結成。「水がよければ漁業も農業も栄える」と緑川上流の国有林にケヤキやカシなどの広葉樹を植える「漁民の森」づくりを始めた。その後、地域の子供らも参加した「こどもの森」もつくった。豊かな海を育てるには森づくりが必要という発想からで、「森は海の恋人」という言葉を生み出した宮城県の「牡蠣《かき》の森を慕う会」などとともに先進的な活動を続けている。

——諫早湾の海上デモに参加した時にどんなことを感じましたか。

漁船で諫早湾まで一時間以上かかったが、諫早湾に入ると同時に水の色が、赤潮が発生する前の薄緑色に変わっていた。珪藻プランクトンの繁殖によるもので魚がすめない海だと直感した。漁師にはわかるが、生きた海の色ではなかった。

——それまで諫早湾とのかかわりは？

九四年夏にグループで諫早青年会議所との交流を企画。子どもたちを連れてカヌー二十数隻で有明海を渡って諫早湾に出かけた。当時は潮受け堤防は工事中でしたが、仕切られた状態ではなかった。農水省の許可を受けて湾奥部に入ったが、ボラなどの魚がたくさん跳びはねるのを見て感動したことを覚えている。まるで養殖場を船で行くような感じだった。漁師を長くやっていて、あんな光景は見たことがなかった。諫早の方からは（干潟の上を滑る）潟スキー、こちらはカヌーを出して交流したが、干潟のようすを見て、緑川河口の三十年ぐらい前の状況だと感じた。あれだけの広い干潟をつぶしたら有明海に影響が出ないわけがないだろうと思う。

――ノリ不作の原因についてはどう考えますか。

緑川河口の有明海は、川から供給される栄養分が多く、珪藻プランクトンに栄養分を奪われても持ち直せる。有明海で最後まで残る漁場と思っているが、それでも平年作と比べたら平均二割減ぐらいだろう。今回の不作は有明海の北部に行くほど被害が大きい。諫早湾干拓事業や熊本市の熊本新港建設などで、有明海が縮小されている。海の浄化能力や生産力が、どんどん弱っている。潮流や潮位が変わっている。潮汐表通りになっていない。地球規模の環境変化もあるのかもしれないが……。ノリ養殖では、潮汐表を見て干潮時には網が太陽にさらされるような高さに張るので影響がある。

浜辺さんが住む熊本市は、島原半島の対岸にある。高速カーフェリーで約三十分の距離だ。良好な漁場をつくるには森を育てることも必要と、ユニークな活動を続けている漁民で、環境の変化には敏感だ。潮止め前に諫早湾を訪れた時の話が、印象的だった。

防災効果への疑問

干拓小史

諫早市川内町や小野島町、赤崎町、それに隣の森山町にかけての諫早平野と呼ばれる地域は、ほとんどが干拓で生まれた土地だ。諫早地方の干拓は約六百年の歴史があるとされる。干拓は、有明海沿いの佐賀県、福岡県、熊本県でも昔から繰り返されてきた。米を増産するための新田開発で時には犠牲者も出た。

有明海沿いでの昔の干拓のやり方は、九州農政局が発行した「干拓の歴史」というリーフレットによると、四百年ほど前に「からみ」という工法が考え出されたという。「からみ工法」とは、潮流で運ばれる泥や砂が堆積しやすいように、堤防をつくろうとする場所に丸太を打ち込み、木枝や竹をからませて置くやり方だ。数年間すると泥や砂が貯まって、湿地植物のヨシ（アシ）などが生える。約二百年前まで続いたとされ、諫早地方では、このやり方を「籠《こ》もり」と呼ぶ。

その後に生まれたのは「開き」と呼ばれる工法。堤防を築く場所に石を置くやり方で、このような工法では大規模干拓は無理なため、地先《ちさき》を少しずつ干陸化する工法が繰り返されてきた。「搦《からみ》」

や「開《ひら》き」は、地名としても残っている。諫早平野で一番新しい干拓地は、森山町沖の「諫早干拓」だ。広さ三百五十一ヘクタールで農地面積は田んぼが二百八十ヘクタール、畑約一・八ヘクタール。一九六三年に四十六戸が入植した。米の作付面積を拡大する増反農家も二百二十三戸を数えた。この工事は一九四七年に着手、五六年に潮止めされた。

森山町を含む諫早平野の水田地帯を田植えが終わったころ訪れると、隣り合わせの田んぼの境界の畦《あぜ》が極端なほど細いことに気づく。さらに用排水路にたっぷりと水が貯えられている。水路には揚水ポンプが据え付けられている。地元の人に聞くと、農業用水の水源に恵まれていないため、用水と排水を同じ水路でカバーしている。田植えも、標高のやや高い所から平野部へと時期を少しずらして進めるように、潅漑の水利を工夫している地域もあるという。

国内の圃《ほ》場整備で採用される水利設備は、一般的に用水と排水を分離する方式と言われる。パイプラインのように用水路を確保し、必要に応じて潅漑用水を使える。用水と排水を兼ねた農業用水路でも、深く掘って水をためておく場合もあるが、諫早平野のように水路いっぱいに水を張る方式だと、米の減反政策に協力して野菜やイチゴなど畑作物を栽培しようにも難しい。このため諫早平野では、排水が比較的よい一部の圃場でミニトマトやアスパラガスなどが栽培されている程度だ。大部分の農家は、米と麦の作付けが中心。農繁期にトラクターやコンバインの農機具を動かして会社や役所勤めをする兼業農家が多い。

だがこうした水利方式は、農業用水路（クリーク）や田んぼをすみかとする生き物、例えばナマズやメダカなどにとっては好都合だ。メダカは一九九九年に環境庁が「日本の絶滅のおそれのある野生生物」（レッドデータブック）に「絶滅危惧種」としてリストアップしたが、伝統的な水路が残っている諫早平野はメダカが生き延びている。半面、イチゴやミニトマトなど比較的収益性が高いと言われる施設園芸農業を目指す農家にしてみれば排水がよくないことが不利になる。

「干拓は必要だ」

農家にとってのもう一つの大きな悩みは、有明海の潮流で運ばれる比重の軽い浮泥《ふでい》が旧海岸堤防の先の干潟に堆積し、田んぼよりも干潟が高くなっていることだ。約二メートルも高くなっていたところもあるという。浮泥は、熊本県阿蘇山の噴火で過去にもたらされた火山灰などが、環状に動く潮流によって運ばれたもので、諫早湾奥部では、それが堆積しやすい。水田地帯の排水路は、湾沿いの干潟や本明川河口と接していて、干潮時に水門が開いて放流される構造になっている。ところが排水門の外側、つまり海側には潮の干満で運ばれる浮泥が堆積して水の流れを妨げ、排水が悪くなるというわけだ。

排水が悪ければ海側にポンプで強制的に排水するしかない。一九九七年四月の潮止め前に諫早平野には同市内の長田町、小野島町、小豆崎町の六カ所に合わせて十二台の排水ポンプが備えてあった。同市によると、排水能力は合わせて毎秒十五トン。受益面積は七百六十一ヘクタールとの計算だ。だが、これらの排水ポンプが設置されたのは半数近くがこの十数年以内。排水ポンプ場の管理は、建設省や県が市に委託。市が地元に「孫受け委託」している。ポンプを稼働させた場合、電気代は市が負担する仕組みになっているが、委託された農家は台風が接近した時など危険を感じながら排水機を稼働させる必要に迫られることもある。住宅や農作物が水浸しにならないように大雨の時に排水門を動かしたりポンプを稼働させる作業は、とてもつらく感じる時もあるという。さらに

諫早湾干拓事業の目的

一、新しく造成された干拓地において、生産性・収益性の高い農業を展開すること。

二、高潮、洪水、常時排水に対する地域の総合防災機能を強化すること。

長崎県は、県土の45パーセントを離島が占め、地形的に平坦な農地が乏しいなど、その起伏に富む地形が農業の発展に大きな支障となっています。その中で、有明海西岸に位置する諫早湾は、古くから干拓が行われており、

防災と、地域の活性化を目指して。

今では長崎県最大の穀倉地帯になっています。

しかし一方でこの地域は、集中豪雨が起き易い地形であるとともに、台風の常襲地帯であるため、昭和32年の諫早大水害に代表される高潮、洪水、排水不良による被害がたびたび発生しています。

このため、諫早湾干拓事業は諫早湾の奥部を締切り、干拓により生産性の高い農地を造成して、地域の活性化を図るとともに、高潮、洪水などから地域を守ることを目的としております。

九州農政局諫早湾干拓事務所の資料から

干拓推進派の農家は「排水門の付近に堆積した潟土を排除する作業も共同でする必要がある」と、干潟との闘いの苦労を説明した。こうした事情から農家の間には「平野部の排水を改善して潟土の堆積に悩まされることから逃れるためにも潮止めや干拓は必要だ」という声が強かった。

諫早湾干拓の事業計画では、潮止めした後、潮受け堤防の内側の調整池となる水域は、八基の排水門を操作することによって普段の水位を海抜マイナス一メートルに保つように規定されている。海水は遮断するが、干潮で潮受け堤防外側の水位が調整池よりも低くなった時に排水門を開けて、放流するやり方を繰り返すわけだ。大雨が降らなければ潮の干満があった時と比べて、諫早平野の農業用水路から調整池に自然に排水がしやすくなるという計算だった。大雨の時には、調整池がダムの役目をする。排水がよくなれば平野部では、水田の作物しか栽培できなかったのが、畑作も可能になるとの期待があった。

長崎県は、離島や山間の狭い農地が多く、平坦で広い農地が少ないことが悩みだ。その中で諫早平野は、干拓で生まれた数少ない穀倉地帯だった。コメや麦が農家の生計を支えた

時代から、コメの減反政策で農家は全国各地で野菜やメロン、イチゴ、花などの園芸作物に切り替えを迫られたが、諫早平野では、ビニールハウスやガラス温室などは数が少ない。畑作物も栽培できる排水のよい水田が少なかったことや、稲作の方が兼業で収入を得やすく、企業や官公庁が通勤可能な地域にあるという事情もある。

潮止めの前後、貴重な干潟を消滅させることや、投資効率や防災効果が疑問視される干拓事業の見直しを求める声が全国各地から上がったことに、推進派の地元自治体や農家は、戸惑いを見せた。「ムツゴロウのことは我々が一番よく知っている。諫早大水害のような災害を繰り返さないためにも干拓は必要だ」と強く反論した。

ムラの構図

だが、潮止めから約四年が経過した時点で振り返ってみると、一九九九年七月下旬に諫早地方で集中豪雨があり、本明川の水位が警戒水位を越えて市街地が水浸しになった。市は市内全域で市民に避難勧告を出した。潮止めから約三カ月後の九七年七月にも、集中豪雨で諫早平野の水田地帯が広範囲に渡って冠水し、床下浸水の住宅も出るなど水害の心配が消えることはなかった。こうした点からも防災効果を疑問視する声が出ているわけだ。

一方で調整池は、淡水化に向かったが、下水道で処理されない生活排水が流れ込んだ結果、水質が悪化した。窒素やリンの濃度が高い富栄養化の傾向が続いた。汚れた水が潮受け堤防の外に放流されることが繰り返され、漁民の間には「長期にわたって赤潮が発生するようになった。アサリの養殖場では死滅する貝が急増した」との不安や苦情が九州農政局や長崎県に寄せられるようになっ

	1989年（平成元年）	90	91	92	93	94	95	96	97	98	99	2000
漁獲量（単位トン）	11,448	11,480	8,663	10,681	8,816	6,752	7,147	7,636	6,510	5,503	4,777	
諫早湾での赤潮発生回数（長崎県調べ）	1	0	1	0	0	2	3	1	4	7	8	6

長崎県の有明海の漁獲量と赤潮発生件数（九州農政局調べ）

た。

諫早湾沿いの人々は、干潟のある海とうまくつきあい、日々の糧の恩恵を受けていた。晩秋から冬、早春にかけて高来町などの海岸沿いではカキをバーベキューのように炭火で焼いて食べさせるカキ小屋が十軒ほど並び、風物詩になっている。潮止め後は、諫早湾産のものに代わって佐世保市の九十九島産の養殖物を仕入れて商売を続けているが、小屋の数は減った。だが「ムツゴロウや二枚貝のアゲマキなど夕飯のおかずがすぐに取れる干潟は残した方がよい。ノリ養殖もできる」など、恵みをもたらす干潟を少しでも残せたらという声は、地域社会ではかき消されがちだった。

異なる少数意見にも耳を傾けて尊重するという民主主義のルールは通用しづらいようだ。郷土史研究者によると「横並び意識になりがちなのは、農業の面でも隣と同じ作物を栽培せざるをえない水利方式だからなんです。隣が稲を植えているのにうちは排水のよい条件の野菜で収益アップをということにはならない」という。水利を取り仕切る人の発言力が大きいからだともいう。

九六年九月の諫早市議会に諫早湾干拓推進の立場の町内会役員らが「潮受け堤防の早期閉め切り」を求める請願書を提出した。そのきっかけは、同年七月半ばに、事業見直しを求める住民らが「ムツゴロウ」や

諫早市でのデモ行進（97年10月）

渡り鳥のハマシギ、ズグロカモメなどの代弁者となって潮受け堤防工事の中止を求める「自然の権利訴訟」を長崎地方裁判所に提起したことだった。推進派の「請願」は、見直し論議を盛り上げようと立ち上がったことへ対抗する動きだった。

推進派の請願は、町内会長らの連名での行動だったが、町内会長の公印を使っている人もおり、「うちの町内会では議論されたこともないのに勝手に干拓推進の立場で行動するのはおかしい」という反発が出た。このことを取材した時、ある町内会長は「みんなの意見はふだんからつかんでいる。いまさら総会など開く必要もない」と、手続きの不備を指摘されたことに怒りの表情をあらわにして反論した。やはり「ムラ意識」が強い地域なのか、と思い知らされた。

〈費用対効果〉の盲点

諫早平野の農地が、潮止めによって排水がよくなったという点には疑問が多い。おかしなことに長崎県は、潮止め後に同平野の農業用水路を深く掘り下げたり幅を広げる工事に力を入れている。順序が逆なのだ。

同じ有明海沿いの干拓地は、どんな問題を抱え、どうやって解決の道筋をつけたのか。

福岡県や佐賀県の有明海沿岸を訪ねたことがある。干拓地の海側の堤防は、高さ七メートル以上、幅も広い。堤防道路は自動車の通行制限をしているが、自家用車が離合できるほどのスペースが確保されている。大雨で干拓地の田畑が冠水することもあるが、強力な排水ポンプでくみ上げて海側に放流するように水利設備が整えられている。圃場は、水田ばかりではない。ブドウ園もところどころにある。

諫早平野の場合、戦後間もないころから大規模な干拓事業計画が出ては消えていった。このため旧海岸堤防の改修が遅れ、水田地帯の排水対策事業が後回しになっていたようだ。「干拓事業が実現すればすべてが解決する。それまで我慢し、二重投資にならないように」という意図があったのだろう。

佐賀県や福岡県などの干拓地で、比較的排水が改善されて野菜作りが可能になっている点を、諫早湾干拓事業推進を訴える農家にどう思うか、聞いた。すると「自分たちも視察に出かけたことがある。ポンプを増やして排水を改善するにはどうすればよいか聞いたら、力のある政治家を出さなければと言われた」という。

土地改良事業は、農作業の機械化によってコストの安い農産物を育てることができるという発想から続けられている。広大な農地が広がるアメリカ流の考え方に基づくものだと言える。機械化すれば確かに作業は肉体的には楽になる。だが、機械を買い入れるとなれば何百万円という資金が必要になる。農産物の輸入自由化で、米価も安くなった。野菜も出来具合が天候に左右されやすい。

少し美味しい物が出回ると、すぐにほかの産地ができて、いわゆる豊作貧乏になる。そんな中で高い農地を買い入れて、新しい土地で農業を始めようという意欲のある農家がどれだけ集まるかは分からない状況だ。長年にわたって鍬や鎌を使って手入れした農地が、作り手の高齢化や採算の問題から各地で放棄されている。干拓地が収益を約束するとは限らない。

干拓推進論の立場の行政などは、食糧危機や防災上の理由から事業の必要性を説くが、国の財政赤字が膨らむ一方の中で投資効率が疑問視される事業をこのまま続けるのか、再検討すべきだろう。公共事業では、投資した税金に対して期待される効果が少ない場合、見直す動きが増えている。つまり諫早湾干拓で言えば、完了見込みの二〇〇六年度までにつぎ込まれる予定の二千四百九十億円の事業費と比べて、防災効果や農産物の収入見込みを合わせた金額が少なければ見直しが必要というわけだ。一九九九年十二月十五日付の朝日新聞によると、事業費が二千四百九十億円（当初の計画では千三百五十億円）に膨らむ見通しになったことで、投資効果の見込み額を事業費で割った数値（費用対効果）は一・〇一倍になった。つまり、わずかに投資額を上回る程度だった。残りは少なくとも六年間もあるわけだから費用がさらにかさむことも当然予想される。

さらに費用対効果という考え方で忘れられているのは、干潟を失うことによる損失が計算に入っていない点である。経済学では美味しい空気とか水は数値に置き換えることが難しいが、人間にとって快適に暮らすためには環境という要素が重要である。干潟の価値を敢えて数字に置き換えるとしたらまず①汚れた水をきれいにする浄化機能、②魚介類を育てる空間、③シチメンソウなどの群生地や渡り鳥の飛来地であることによって行楽客を呼ぶ観光資源としての価値などが挙げられる。

二千六百億円以上の施設に匹敵

水質の浄化機能は、公共下水道の終末処理場を造るのと比較すればよい。諫早湾の浄化能力を推計した科学的なデータはないが、長崎大学経済学部の宮入興一教授（財政学）は、諫早干潟緊急救済本部が発行した「諫早干潟の再生と賢明な利用」という冊子に掲載したリポートの中で、水産庁東海区水産研究所と愛知県水産試験場、三重大学などが愛知県の一色《いっしき》干潟で実施した干潟の浄化能力の研究報告を基に推計している。一九九五年に発行された専門誌論文を基にした、そのリポートによると、一色干潟は約一千ヘクタールの広さで一日最大七万五千八百トンの処理水量、計画処理人口十万人の下水処理施設の能力に匹敵する。用地費や管渠費、ポンプ費などを合わせた建設費は八百七十八億二千万円になる。年間の維持管理費は五億七千万円。一色干潟の事例を準用すると、諫早湾干潟は約三千ヘクタールだから人口三十万人分、建設費二千六百億円以上の下水道施設に匹敵するとしている。

諫早湾干拓事業では、調整池の水質を保全するために富栄養化につながる窒素やリンを除去する下水道の高度処理施設が建設された。窒素やリンなどを除去する施設の建設は、閉鎖水域で開発を進めている自治体の大きな課題で財政的な負担を増やす要因にもなっている。住民の間には、生活環境が快適になることを歓迎する一方で、自己負担が増えることへの不安や抵抗感があり、下水道への加入率は低い。

大水害の教訓は生かされたか

大水害再び

「ノーモア　ヒロシマ」「ノーモア　ナガサキ」――核兵器廃絶と平和を求める世界的な運動の合言葉としておなじみだが、諫早湾干拓推進を訴える人々が必ず口にするのは、「諫早大水害を繰り返すな」だ。

一九五七年（昭和三十二年）七月二十五日から二十六日にかけて、諫早地方で一日雨量が七〇〇ミリから八〇〇ミリの集中豪雨があり、諫早市の本明川上流で土砂崩れが発生し本明川が氾濫。市街地に濁流が押し寄せて数多くの住宅が倒壊した。死者、行方不明者は同市内だけで五百三十九人にのぼった。江戸時代の天保十年（一八三九年）に本明川に築かれた二連式の石橋・諫早眼鏡橋は、余りの頑丈さ故に流れてきた石や木を受け止めて、流れをさえぎってダムの役目をしたことが被害を大きくしたと言われる。本明川は、全長二十二キロしかないが、水害の後に建設省（現、国土交通省）が管理する一級河川に格上げされ、川幅が広げられた。現在、河岸には小さな堤防が築かれ止水板も取り付けられている。国の重要文化財（一九五八年指定）の諫早眼鏡橋は、川沿いの諫早公園の片隅に移設され、いまは観光名所になっている。

大水害から四十年余りが経過し、干拓事業で潮受け堤防が完成して水害の不安も解消されたようにも思われたが、一九九九年七月二十三日、市内がパニック状態に陥る水害が起きた。この日、九州北部は弱い熱帯低気圧の影響で大雨に見舞われ、長崎県諫早市では二十二日午前零時から二十三日午前十一時までに、三四三ミリの雨量を記録した。このうち二十三日午前九時から十一時までの二時間に一九四ミリの集中豪雨があり、市内を流れる本明川の水位が警戒水位を超え、同市は市内全域の約三万四千世帯、約九万四千人に避難勧告を出した。

二十三日から二十四日にかけての新聞報道などによると、学習塾帰りの中学三年生が、冠水のため側溝の蓋がはずれていたところに足を取られて水死したほか、百六十四戸が浸水したという。新聞に掲載された写真やテレビニュースで流れた映像を見ると、市内のあちこちの道路が冠水していた。

諫早湾干拓事業では、潮受け堤防の防災効果が強調され、調整池の水位を低く保つことで諫早平野の水田地帯の排水効果が改善されたという主張が、干拓推進派の人々によって繰り返されていた。「一九五七年の諫早大水害の時のような大雨や伊勢湾台風の時のような台風がきても大丈夫」というのが、農林水産省や長崎県が事業の効果を説明する「決まり文句」だった。九九年七月下旬の豪雨は、時間雨量としてはかなりの大雨だったが、諫早大水害の時のような雨量ではなかった。それなのに市街地はあちこちで水浸しになった。同市は市内全域に避難勧告を出した時、サイレンを鳴らしたが、その意味が分からない市民も多かったという。

五七年の「諫早大水害」の教訓は、生かされていないようだった。「川幅を広げてほしい」「潮受け堤防をつくって高潮がこないようにしてほしい」などと国に公共事業の要望を出して予算を確保し、事業を完成させるだけで事足りると思っている知事や市長などが多いのではないか。税金を使って建設したものをいかに有効に利用するかが、むしろ大切なのに、である。

薄れた危機意識

阪神大震災の後、各地で「いざ」という時に備えて地域住民が話し合って公園などに防災機材を保管する場所をつくったり、地下に貯水槽を設けたりする動きがあった。それに比べると、諫早では毎年七月二十五日に大水害の犠牲者を慰霊する「諫早川まつり」が開かれる程度。市中心部の本明川河川敷に一万五千本のろうそくを並べ、板に付けた約七千五百本のろうそくを川に流す行事で、花火大会もある。潮止め後は観光的な色彩も加わってきた。

大水害を教訓に新たな水害を招きたくないのであれば、人命を守るにはどういう避難態勢を構えるのか、災害に強いまちづくりを進めるにはどういう発想が必要かなどを議論すべきだが、三年近い私の諫早勤務の中で行政主導の防災訓練があったことは覚えているものの、避難態勢をどうするかの議論を見聞したことはほとんどなかった。

災害への心構えがいかにおおざっぱだったかもう一つ例を挙げると、諫早市では、九七年度からコミュニティFM放送局の開設準備をしていたが、運営主体をどうするかで開設が遅れた。コミュニティFM放送局は健康管理や福祉、介護、災害などのくらしに直結した情報を流して地域の振興にもつなげようと、郵政省が阪神大震災の後に全国各地で普及させていたメディアである。諫早市では当初、運営主体を諫早市社会福祉協議会にする考えだったが、①放送の中立性をいかに保てるか、②採算性を確保するにはどうすればよいか、が論議の的になった。九七年秋には放送設備がほぼそろっていたが、開設が遅れたばかりに、避難勧告が必要な災害の緊急時に役立てることができなかった。開局していたとしても、住民の側から積極的に利用する知恵が身についていなければ、干拓事業と同様に「むだ遣い」になるだろう。

潮受け堤防が九九年三月に完成した後に起きた豪雨災害の現実。「潮受け堤防が防災につながる」という干拓事業推進の説明は、ますます論拠が怪しくなってきたように思う。潮止めから三年近くが経過して、さまざまな問題点が浮き彫りにされた。

「こんなはずじゃなかった」

九九年八月の諫早市報をインターネットのホームページで見ると、「七月二十三日　集中豪雨が諫早市を襲う」という見出しで特集記事が掲載されていた。「八月五日現在の市内の被害」として死者一人、全壊家屋一棟、半壊一棟、一部損壊三棟、床上浸水二百四十棟、床下浸水四百七十一棟を挙げていた。水害のない街にするため、「浸水被害を受けやすい低地などは、排水ポンプの設置や既設ポンプの維持管理を充実し、被害の防止に努めます」としていたが、本明川上流で建設省が計画している本明川ダムや諫早湾干拓事業については、推進の立場を貫く姿勢を打ち出している。

大雨への備えという点で干拓事業の効果がどうなのかについては、実は潮止め直後にも検証の材料を提供した「大雨」が降った。九七年七月六日から十二日にかけて、諫早市で総雨量七二二・五ミリを記録した豪雨だ。この時、隣の森山町では九三三ミリ。当時は、潮止め直後で潮受け堤防が建設中ということもあり、防災効果をめぐって推進派の行政と見直しを求める住民団体などの間で論争があった。十二日に同市がまとめた記録によると、道路の冠水や家屋の浸水被害があったという。床上浸水が二戸、床下浸水が十七戸だった。この時の最大日雨量は諫早市では九日午後三時から二十四時間で二一五ミリ。森山町では九日午前八時からの三一五・五ミリだった。最大時間雨量は諫早市で三二・五ミリ、森山町で六二ミリ。諫早平野の田畑も冠水、低地に建てられた住宅の一部が浸水した。

その後の七月十四日、長崎県農林部は「今回の大雨による諫早湾周辺の状況について」というコメントをまとめて発表した。それによると、冠水は諫早市と森山町で七月十日午後三時におおむね千二百ヘクタールに広がった。十一日早朝には三百四十六ヘクタールまで大幅に減少。十二日午後七時までにはすべて解消した。冠水した原因について「地区内の排水路や排水機（ポンプ）場などの想定された水準を超えた大雨によるもの」と説明している。一方で「仮に潮受け堤防がなかったならば、流域各河川の水位は満潮の影響を受け、河口近くでは一―二メートル上昇していたと考えられ、それに伴い低平地の湛水《たんすい》面積、湛水時間ともに被害は拡大していたものと考えられる」と強調した。

潮受け堤防完成後も、大雨の被害について同様な説明をするのだろうか。しかも、干拓事業推進を後押しした農家など地元の人々も同じ考えなのだろうか。

「排水が悪いから米麦以外の作物が栽培できない。浸水の心配もある。排水を改良してハウス栽培などで野菜を出荷できるようにしたい」というのが、農家の願いだったはずだ。

諫早平野部の排水をよくする選択肢として、農家などは干拓事業推進を選んだ。高潮の災害防止と干潟のさらなる堆積を防ぐ潮受け堤防を築き、調整池を設けて水位を低く保つという干拓の設計構想で悩みは解消されるという触れ込みに「ヨシッ」とひざをたたいたのだろう。

だが、大雨が降れば浸水騒ぎは繰り返される。「こんなはずじゃなかった」という人々も多いに違いない。

泥縄式の行政

潮止め後、干拓事業見直しを訴える論議の中で、田んぼや宅地の標高が干潟よりも低い地点にある諫早平野の旧干拓地の排水・防災対策として、干潟に面した旧海岸堤防の改修と排水機（ポンプ）場の増設が代替案として提案された。既存の海岸堤防は、「いずれ干拓事業が進められる」との理由で改修が見送られていたからである。高さも佐賀県や福岡県などの有明海沿いでは七メートルなのに長崎県側は四メートル。堤防の道路も乗用車が一台通るのがやっとという幅の狭さ。

諫早平野の中心部の諫早市赤崎町にある黒崎排水機場は、潮止め前は水田が冠水しそうになると毎秒五トンの揚水能力があるポンプ二台（毎秒合わせて十トン）を動かして「干潟」の方向に排水していたが、干拓地を造成することになった場合、新たな干拓地を経由して調整池に放流すれば干拓地に同じ程度の排水能力のポンプを増設する必要がある。そうすればコストがさらに高くなる。そこで黒崎排水機場の放流口は、特別に排水路を広げて本明川の方か森山町の二反田川方面に振り向ける必要がある。黒崎排水機場のポンプが据えつけられたのは一九八六年十月。しばらくは耐用年数がありそうだが、中央干拓地を取り囲む内部堤防が完成すれば、かつて干潟だった方向には放流できなくなる。このため移転の話が持ち上がった。ポンプ場のすぐそばに田んぼがある農家は、すぐにポンプでの強制排水の効果が出ていたのに黒崎排水機場がなくなればかえって不利益になるわけだ。

潮受け堤防が完成した後でも、大雨が降れば市街地が水浸しになることがはっきりした。潮止め前から住民団体などによって、干拓事業によって排水効果がよくなるとは限らないことが指摘されていたが、一九九九年七月の集中豪雨被害を経験した後、諫早市は、移動式ポンプ二台を購入した。二〇〇〇年六月六日付の長崎新聞によると、ポンプ購入は冠水被害対策のためであり、毎分三十トンを排水できる。費用は三千七百五十万円。その後にも毎分三トンを排水できるポンプ十台を購入する計画があるという。

問題が起きてやっと目がさめて、対策に動き出す。まさに「泥縄式の行政」だ。

推進派農家の声

干拓推進の運動を進めた人たちは、事業の成果をどう評価しているのだろうか。諫早市隣の森山町の農家で町議会議員を務める西村清貴さん（五〇）に聞いた。

――九九年七月の大雨で諫早市街地が水浸しになり、諫早平野の水田も冠水したが、防災効果に疑問は感じませんか。

大雨が降っても冠水しなくなるとは思っていなかった。潮止めされたことで水が早く引き、冠水している時間が短縮されたと思う。地形的に冠水するのは避けられない。干拓事業の効果を高めるには、これからいろいろな事業を進めることが必要だ。

――野菜や園芸作物を栽培する農家が増えたようすも見られませんが、農業の将来性はあると考えますか。

農家の意欲の問題もあるが、諫早平野に住む我々にとっては、優良農地を子や孫に渡していく必要がある。干拓事業と我々の利害が一致した。例えば諫早平野では、地下水の汲み上げによる地盤沈下が深刻で、農業用水を確保するために調整池の水を利用することが不可欠だ。

——潮止めは日々の暮らしにどんな影響をもたらしましたか。

プラスになったのは、稲刈り時期に潮風で塩分が飛んで来るのが少なくなり、塩害がなくなったこと。大雨の時に排水ポンプを作動させる仕事をしなくて済むようになった。確かに食卓からアゲマキなど干潟で獲れていたものが遠のいた。ただで食べられたものがなくなって、買えば高くつくが、選択肢として何かを切り捨てるのはやむをえない。諫早湾の水質を保全するねらいで農業集落排水事業が町内に普及して、七〇％の家庭が加入している。負担も増えたが、時代の流れで下水やごみの問題には金をかけなければならない。

——有明海の漁業不振が問題になりつつあるが、どう思いますか。

言いたいことはよく分かるが、コメントのしようがない。諫早湾地域全体をどう振興させるかという議論がなされていない気がする。

西村さんは、戦後に完成した「諫早干拓」に入植した農家で、排水不良などの悩みを抱えている。農水省の事業計画で、自分たちの悩みが解消されることに期待をかけたという。だが事業計画の選択肢が一つだけしか提示されなかったことで大きな問題を残したのではないだろうか。

第2章 生命《いのち》の海

有明海の危機

「じげもん」の危機

諫早湾は、懐の深い入り江だ。諫早市の本明川や森山町の二反田川、島原半島の川などが注いでいる。湾沿いの市町のうち中核となるのは人口約九万人の諫早市。名物は、ウナギ料理と国の重要文化財に指定されている石橋の「眼鏡橋」、それに和菓子のおこしだ。タマネギやニンジンなどの生産量も多い。

地形的に面白いのは、市西北部がキリシタン大名の大村純忠らを領主としていた旧大村藩の城下町・大村市と接する点である。純忠は、長崎港を「南蛮貿易」の拠点として開港した。諫早市の東は島原半島に、また諫早湾西側の国道207号を北上すれば佐賀県に至る。言わば交通の拠点だ。さらに市西部地域が大村湾に、南部が天草灘に通じる橘湾にと、それぞれ生態系が異なる三つの海に面していた。「いた」と過去形で表現したのは、諫早市小野島町の旧海岸から約五キロ沖合の潮受け堤防が九七年四月に閉めきられて潮流が遮断されたためだ。

三つの海に囲まれるということは、おのずから水揚げされる魚介類も、種類が豊富になる。だが

ウナギ塚漁（高来町沖。後ろは北部排水門）

近年、潮流が入れ替わりにくい閉鎖水域の大村湾は、生活排水の流入などの影響で水質が悪化。特産のナマコ漁などの不振が悩みとなっている。諫早市ではウナギ料理を店の「看板」にしている老舗もあり、県外から食べに訪れる客もいるが、店で出すウナギはほとんどが鹿児島県で養殖されたものだと業界の人から聞いた。もともとは、干潟がある内湾で育った天然ものが評判だった。

潮の干満を利用した漁法として「ウナギ塚漁」がある。干潟に穴を掘って石を積み、潮が引いた時に石積みに隠れたウナギを捕まえるのだ。潮止め前までは湾奥部にも残っていたが、現在では潮受け堤防外側の高来町金崎名沖に残っている程度だ。自家消費用にウナギを捕っているという地元の人によると、蒲焼きにすると歯ごたえや風味がよく店に行って食べる気がしなくなるという。

食材のことを取り上げればネタに事欠かない。二枚貝のカキもそのひとつだ。諫早市隣の高来町沖合には、天然のカキ床があった。そこで育ったカキは、「粒は小ぶりだが味がよい」と評判だった。毎年十一月から翌年三月ごろにかけて、海沿いにはカキをバーベキューのように金網の上にのせて焼いてふるまう「カキ小屋」が並んでいた。潮の香りを運ぶ寒風に吹かれながら焼きたてのカキにレモン汁をかけて食べる野趣たっぷりのごちそう。潮止め後も辛うじて生き延びているが、カキは粒の大きい養殖ものに代わった。小屋の外の風景も、潮止め後の「干潟」は草が一面に生え、冬場は枯れて味気ないものになった。

こうした地場の産品のことを長崎では「じげもん」（地元のもの）と呼ぶ。地場産の野菜や果物を並べた生産者らが直売する市場のことを「じげもん市」という具合に使う。諫早市内の商店街の一角にムツゴロウやクチゾコ（シタビラメ）など有明海の魚介類も食べさせてくれる「長崎屋食堂」という店がある。必ずしもきれいとは言えない店構えだが、安くて珍しいものが食えるという話題の店で、よそ者は一度は入ってみたくなる。私の場合、「入ってみよう」と思う前に赴任の歓迎会があり、ハゼグチの煮付けなど有明海の珍味に出あった。

いまでも記憶しているが、食事を共にした市の幹部職員は「ここに東京から来た人を連れてくると、喜ばすもんですね（喜んでくださいますよ）」と自慢した。潮止め前の年の暮れ、一九九六年十二月のことだったように思う。その時自然に「諫早市は長崎県などとともに諫早湾干拓事業推進の立場をとっている。おいしい食材を自慢するなら、なぜそれらの魚介類を育てる干潟がある海をつぶすのか」との思いがよぎった。だがその時は「酒の席で座を白けさせるのも大人げない」と考えて、あえて突っ込んで聞かなかった。

地域振興策とは、地域の人々が安心して豊かに暮らせるようにする知恵だ。役所風の月並みな表現に言い換えると「活性化させる」には、その地域独特の資源を生かすことが大切だ。

諫早市と隣の森山町に広がる諫早平野は、約六百年前の鎌倉時代に干拓が始まったという史料の記述があるとされる。古代の工法は定かではないが、これまで造成された土地は約三千五百ヘクタール。今回閉め切られた湾奥部とほぼ同じ広さの計算になる。長崎県は山間部や離島が多い。諫早平野のように平坦でまとまった広さの農地がある地域は珍しい。このため諫早平野は古くから県内では珍しい「穀倉地帯」だった。

和菓子のおこしは、もち米を蒸したのを乾かして炒ったものに落花生などを加えて砂糖や水あめで固めたものだ。この地域で古くからつくられたのも米がよくとれたからだと言われる。今でこそ米や麦は、農産物の輸入自由化で価格が下落して農家の経営を苦しくしているが、米が貨幣代わりの価値を有していた時代には豊かだったと想像される。司馬遼太郎氏は『街道をゆく』(朝日新聞社刊)の「島原・天草の諸道」の中で、この地方の豪族だった諫早氏が佐賀藩を治めた鍋島氏の家老になったいきさつを史料を挙げて推測している。

「諫早氏は二万二百石をすてて一万石の家老になったものの、領内の物成は表高の三倍はあったという。この余裕が、百姓への収奪をゆるやかにし、百姓たちは余った米でおこしのような菓子をつくって子供に与えていたのであろう。それが、やがて名物になるのである」。

同市内にはおこしをつくっていた老舗の菓子屋さんが数軒ある。だが、おやつや茶菓子の種類は数多くなった。おこし屋さんの売り上げも、ケーキなど洋菓子のウエートが増えている。「菓子のおこしで地域おこしを」などとはしゃれにもならない時流になっているのだ。

島根・中海干拓事業

諫早湾干拓と同じ国営干拓事業である島根県の中海干拓は、中断していた本庄工区（千六百八十九ヘクタール）をどうするかで注目されていたが、農水省は、二〇〇〇年八月に干拓事業を中止する方針を固めた。自民党が同年六月の総選挙で大幅に議席を減らしたことで、党内で公共事業の見直し論が出たのがきっかけのひとつだった。公共事業に対しては「地方の道路整備や、耕す人が高齢化している農地の整備などに重点が置かれ、都市部の人々が納めた税金が十分還元されない」という批判が強く、都市部で現職の自民党の大臣が落選するケースがいくつかあった。さらに選挙後の七月下旬には、中尾栄一元建設大臣が海洋土木会社から指名競争入札などで便宜を図るように請託を受け、三千万円を受け取ったとして受託収賄の容疑で東京地検特捜部に逮捕された。農水省が中海干拓事業の中止を決めたのは、新たな農地を造成しても農業の担い手が確保できるかわからないという声が島根県から上がった事情もあるようだ。

公共事業のあり方を見直す自民党の議論では、情報通信産業を発展させる上で基盤となる光ファイバーケーブル網を整備するのに国債をつぎ込むべきだ、などの主張もなされた。情報技術（ＩＴ）革命をめぐる地域間格差をなくすことなどが、二〇〇〇年七月の九州沖縄サミット（主要国首脳会議）でテーマのひとつになったことから、情報産業への投資が、経済振興策として急浮上した。だが税金の使い道の論議を見ていると、モノをつくることに執着し過ぎる傾向がある。パソコンなどに詳しい若者は増えているが、パソコンを駆使する技術に詳しく、個人情報の保護やコンピューターウイルスをまき散らすハッカーの侵入防止策の心得がある人材の育成に金をかけることには、余り関心が向かないようだ。干拓事業などを進める上でも人材の確保や育成という面では、おろそかにされがちだった。

中海の約五分の一の面積を農地に変える干拓事業計画は、計画が長期間たなざらしになっていた点で、諫早湾干拓と似ている。中海干拓事業は一九六三年、食糧増産の国策で、宍道湖と中海を淡水化する事業とセットで始まった。すでに八百五十ヘクタールの干拓事業は終わっていたが、八八年に水質が悪化する懸念から淡水化は延期、干拓計画も凍結されていた。その後、澄田知事が九六年に、農水省に事業再開を求めていたが、当時の自民、さきがけ、社会党の連立与党が二年間の調査と、調査結果を総合的に評価する検討委員会の設置を決め、事業を進めるべきか議論した。しかし検討委員会は、二〇〇〇年三月二十五日、「全面干拓」、「干拓中止」、「部分干拓」の三つの案を並べただけの最終報告をまとめたに終わった。

島根県は竹下登・元首相の地元。首相を辞めた後も、自民党の最大派閥のオーナーとして影響力を持ち、公共事業投資額が県民一人あたり約七十万円で全国平均の約二倍。竹下氏が首相になった翌年から全国でもトップという公共事業依存の状況が続いていたが、二〇〇〇年六月、竹下氏が死去した後、同じ選挙区から同氏の実弟が選ばれた。選挙戦では、竹下氏の側近らが公共事業の役割の重要性を強調、利益誘導型の応援を繰り返した。

宍道湖は、日本人の食卓になじみの深いシジミがとれる湖として知られている。干拓反対運動をリードしてきたのは、約三百人のシジミ漁師たちで年間の水揚げは約八千三百トン。全国でとれるシジミの約四割を占めるという。諫早湾のタイラギと比べてシジミはポピュラーな食材だが、宍道湖のシジミも、中海干拓事業が中止されたからと言って生息環境が守られたわけではないようだ。

有明海特産の食材（97年６月）

二〇〇〇年七月二十一日付の朝日新聞によると、中海は水がよどみ、川でつながる宍道湖の水質も悪化しているという。

失なわれる〈ゆりかごの海〉

諫早湾の奥部では、実にさまざまな食材がとれていた。ムツゴロウやハゼグチ、同じハゼ科の魚で目が退化したワラスボ、貝類では、二枚貝で水管が長いウミタケ、赤貝に似たサルボウ、ハイガイなどが採れていた。漁業権を放棄して補償金をもらっても、漁が好きで「夕食のおかずと小遣い稼ぎに」と、暇を見て漁を続ける人々もいた。潮止め後もしばらくは汽水域のクロダイ（チヌ）やコノシロ、ワタリガニ（ガザミ）が取れていた。

だが、干拓事業の影響は、ただ感傷的に失われる海の恵みを惜しむだけでは済まされない状況になりつつある。有明海の魚介類を研究している専門家らは「影響が有明海全体に及ぶことが懸念されている」と警告していた。これまでも、生活排水の流入や、水資源確保のため福岡県久留米市の筑後川に大規模な可動堰《ぜき》「筑後大堰」が建設されるなどで生態系が大きく変化している。魚介類の水揚げが減ったりシギやチドリ類など渡り鳥たちの餌場が狭められたりしているが、湾奥部への潮流が遮断されたことで、さらに大きなダメージを受け、影響が出てきているのではないかという指摘である。

有明海は、約千七百平方キロの広さで海岸線の延長距離は約四百キロに及ぶ。海底は有明粘土層と呼ばれる、粘り気が強い土が厚さ平均約二十メートル、最大三十メートル堆積しているという。菊池川や筑後川、矢部川、六角川、本明川などの河川が流れ込んでいる。熊本県の阿蘇山や、長崎県の雲仙、多良山系の火山灰と土砂が、これらの川の流れや潮流で運ばれ、混ざり合って堆積したものだ。古くからコメづくりなどのために干拓地が造成されたり自然に干陸化したりしてきた。海辺の風景は、コンクリートの護岸や、高潮に備えて住宅地や農地よりもかなり高くつくった堤防があり、その前面に干潮時に広々とした干潟が広がるという構図の場所が大部分だ。白砂青松という景色は見られない。

潟土《がたつち》に含まれる栄養分と繰り返される潮の干満、軟らかい泥質など日本国内では珍しい環境条件の下で、ほかではあまり見られない珍しい魚介類が育ち、それを糧にする暮らしの文化がある。

少し古いが、諫早湾を含む有明海がいかに豊かだったか、を示す資料がある。タイトルは「諫早湾淡水湖造成に伴う湾外漁業に与える影響調査報告書」（漁業編Ⅰ）、同じく、漁業編Ⅱ。「幻の巨大プロジェクト」になったものの防災と農地造成を目的にした諫早湾干拓事業への「つなぎ役」になった「長崎南部総合開発計画」（通称、南総）に関連して九州農政局がまとめた。

一九七七年に作成された、その「影響調査報告書」（漁業編Ⅰ）によると、諫早湾奥部の干潟海域で産卵する魚種としてムツゴロウやトビハゼ、ハゼグチ、ワラスボ、湾内で産卵する魚としてコノシロ、コイチ、デンベイシタビラメ（クチゾコ）などが挙げられている。さらに湾入り口付近では、マナガツオやヒイラギ、クロダイ（チヌ）、スズキ、トラフグ、キスなどが産卵。また湾の外で産卵、孵化した稚魚が、夏場に諫早湾奥部に入ってしばらく過ごす種類もいた。トラフグやマナガツオ、キス、スズキなどを挙げている。貝やエビ、カニが豊富で稚魚でも餌を捕りやすいためとされる。エビ類では、シバエビやオキアミなどが大量にいた。湾口部にはクルマエビも生息していた。

諫早湾は、まさに魚介類にとって格好の産卵場であり、成魚となるまでの一時期を過ごすのに適した「ゆりかご」のような場所だったといえる。

一九七九年に作成された「影響調査報告書」（漁業編Ⅱ）の資料（付表2）には、諫早湾での漁獲量が有明海全体のどの程度を占めるかが数字で示されている。一九七〇年から七二年までの魚介類別の水揚げ量だ。金額ではなくトン数で計算したもので、カレイやスズキ、クチゾコ、モガイ、タイラギなどの三年間の平均漁獲量は、有明海全体で六万九千三百四十七トン。うち諫早湾は七千九百二十九トンで全体の一一％。だが、水揚げしたとしても量が少ない稚魚が育つ場所であることを考えると、漁業資源を確保する場所としてはもっとウエートは大きいと言える。

二十年余り前、有明海の中でも諫早湾での水揚げが多い魚介類として挙げられたのを見ると、エソ類が七二年までの三年平均で七トン（全体の一〇〇％）、ニベ、グチ類は五十五トン（同二一％）、ボラ類は八十トン（同一一％）、スズキ五十四トン（同九％）、二枚貝のタイラギは千二百八十一トンで有明海全体の三〇％を占めていた。その後の二十年間の漁場や漁業をめぐる環境が大きく様変わりした結果、水揚げは格段に減少した。干拓事業の潮受け堤防工事が着手された直後の九三年から、タイラギの水揚げは、諫早湾ではゼロのまま。漁場環境がよくなる見通しもないままだ。

有明海への影響　田北・長崎大教授に聞く

干潟が果たしていた役割と消失した影響などについて、長崎大学水産学部の田北徹教授（魚類生態学）に二〇〇〇年六月下旬、インタビューした。田北教授は、約四十年間にわたって有明海を主なフィールドとしてムツゴロウやトビハゼの研究を続けていることで知られる。

——諫早湾の湾奥部が潮受け堤防で閉め切られて三年。有明海の漁場への影響を指摘する声が漁民などからあがっていますが……。

今年春からの調査では、いるはずの魚がいなかった。コイチという魚は、寒い時期には深いところにいて春に湾奥部にくる。春先にその回遊群が佐賀県太良町の大浦あたりの定置網で見られたが、今年はほとんど捕れない。アカシタビラメも少なかった。北上する移動が遅れているのではないかと思って島原半島に行ってもとれていなかったが、六月になって出てきた。数は少なくなったが、どこかにいたのだろう。漁師さんがとらなかったら私たちの目に入らない。底生生物の研究は、調査に基づいてきちんとした分布図が書けるが、魚類は難しい。漁協にアンケートをしようとしても困難だ。

——閉め切りによって海はどう変わったのでしょうか。

魚は動くので漁業者がとってこないと目につかず科学的データとして出しにくい。諫早湾の底生生物の調査では、量が減っていると言われるが、気になるのは有明海の魚の多くは底生生物（エビやゴカイなど）を食べる魚類だという点。例を挙げるとカレイやヒラメ、シタビラメ、スズキ、ニベなどだ。有明海は東シナ海によく似ている。韓国の西岸や渤海の沿岸の浅いところから東シナ海の沖になるとかなり深い。浅いところには河川がたくさん流れ込んで陸からの水が栄養分を運んでくる。有明海もその通りで、湾の入り口は深くて、寒くなると魚が逃げる場所がある。暖かくなると、浅いところには干潟があり、干満の差も大きい。

越冬の場所があって、その近くに生育の場所がある。有明海の魚の多くは越冬場所と生育場所との間を季節移動している。その真ん中に諫早湾が開いている。私はそれが一番気になる。昭和五十四年（一九七九年）の長崎南部地域総合開発計画の漁業影響調査の時も含めて、魚が移動する場所に堤防が設けられて処理されない淡水が流れ込む環境は、いままでまったくなかった。湾外の魚類にとっては、新しい環境になり、回遊を阻害しないか回遊経路を変えないか、気になる。

——その調査ではデータが改ざんされたという指摘がありますが。

調査報告書は改ざんされていないが、研究者の報告では漁業者への説明には難しすぎると言われて九州農政局にゲタを預けた。農政局がつくったのが、評価書と要約版。佐賀県が日本水産資源保護協会に依頼してつくったものとがあり、内容がくい違っている（注　農政局の報告は、「諫早湾外の漁業への影響は僅少」とする内容なのに対して、日本水産資源保護協会のは「影響あり」となっていた）。このため佐賀県有明海漁連などが日本水産学会に調査を依頼してつくった文書もある。農政局が、漁民に説明する文書でニュアンスを変えていた。「南総計画」から閉め切り

カキ殻が山積みされた工事現場（99年4月）

の規模を縮小して名前を変えて、扱いが政治的になって事業が継続された。どういう調査がされたかよく知らない。

――諫早湾干拓は、事業名が防災目的に変えられたが、漁業への影響はどうですか。タイラギの休漁が続いています。漁業者の減少もありますが、漁場環境への影響という意味では。

有明海の場合、カニのガザミの水揚げがほとんど皆無だ。昨年（九九年）まではかなりとれていた。産卵のため四月ごろから浅いところにやってくるのでたくさんとれるはずなのに、有明海の外でもとれていない。有明海だけの問題ではなくもっと大きな変化があってのことか、逆に有明海が非常に悪くなっているせいかわからない。有明海の生産力の低下が外に及んでいると考えられなくもない。ガザミがどういう生活をしていたのか調べて、有明海がどういう影響を及ぼしていたのか調べる必要がある。

――ほかにとくに変化した魚は？

スズキの稚魚がなぜか増えている。昨年から増えだした。なぜかわからない。それが大きいサイズになるかもわからない。河口でエビをとる袋網にかかる。チヌ（クロダイ）の成魚が増えているという漁師の話を聞いた。産卵の時期の佐賀県鹿島市の魚市場や太良町大浦でも同じ状況だ。四十年間有明海に通っていて、若いころ、エビが減ったことがあった。農薬の影響だといわれ、パラチオン（有機リン系殺虫剤）。現在、国内では使用禁止）をやめたら増えたが、こんな漁獲量の変化は経験したことがない。諫早湾が閉め切られた影響は大きい。閉め切る前から、かなり大きく影響すると思っていた。その通りになってきたのじゃないかと思う。

――諫早湾で産卵する主な魚は？　変化はないのでしょうか。

スズキ、ニベ、グチ、コノシロ、シタビラメなど。干拓の影響かどうかわからないが、昔、産卵していたのに最近減ったものとしては、例えばマナガツオが挙げられる。トラフグなんかも減っている。日本で有数の産卵場だった。マナガツオは熊本県から佐賀県にかけて産卵場は広範囲だった。トラフグは島原半島から熊本県三角町沖が中心だった。閉め切った湾奥部は、産卵場ではなかったが、稚魚が生育していた。そういう意味ではかなりの影響が考えられる。

あれだけ大きな干潟と浅海が完全に陸地と調整池になった。その中でかつて何が行われていたのか。非常に有効な浄化作用があったと思う。浄化されない水が外に出て行く。排水門から出る水の影響があるというのは理由があると思う。

――魚もすみづらくなるわけですね。干潟の水質浄化作用が注目されていますが……。

南総計画での漁業への影響調査報告では、漁業への直接の影響だけが注目されていたので干潟や赤潮の専門家がメンバーに入っていなかった。私は、干潟や海底にすむ動物の働きが非常に大きいと考えている。ムツゴロウの研究をずっとやっているが、ムツゴロウが餌を食べることで巣穴にある水を自分のテリトリーにまく。水の中に高濃度の栄養塩が含まれている。計算したら一個体のムツゴロウが一日に五〇〇c.c.の水をまく。そのことが干潟の生物の生産性にかかわっていると考えられる。いわば畑仕事をしているわけだ。ムツゴロウだけでなくほかの動物も活動している。有機物がいったん干潟の泥の中に入ると、利用できないものになってしまうが、ムツゴロウやその他の動物の活動でじわじわと水の中に供給される。干潟での活動が生物の生産性を高めている。潮が満ちてきた時はどうしているかと言えば、ムツゴロウは巣穴に入って水を攪拌《かくはん》する。ひれを激しく振ることで中の濁水がどんどん出てくる。栄養塩を水中に供給するわけです。

――ムツゴロウなどが動き回っていた干潟がなくなったのはものすごく大きい意味があるわけですね。

いま草ぼうぼうになった干潟でのムツゴロウなど底生生物の活動は、かなり大きかったと思う。

――諫早湾の潮止め工事の後、ムツゴロウなどの分布調査をされましたね。

一九九八年春から一年間ムツゴロウの追跡調査をした。トビハゼの分布も。ムツゴロウはかなりの数が残っていたので、塩分濃度の低下にどの程度強いか、調べたら非常に強かった。干潟の土の中にも生き残っているが、穴の中は塩分が残っている。ムツゴロウは淡水でも一週間は生きられるが、乾燥して潟土《がたつち》が固くなったため分布数は減っている。二〇〇〇年五月ごろ、どうなっているか見に行ったらかつて干潟だったところのゆるい傾斜が消えて、ムツゴロウにとってすみづらくなっていた。ただ本明川河口域の一部では生き延びていた。

「ラムサールジャパン」という自然保護団体があるが、今春（二〇〇〇年春）東京で韓国の団体を招いてワークショップ（研究集会）が開かれ、参加のため来日した韓国の人々を諫早湾へ案内した。韓国には諫早湾干拓よりもっと長い堤防で湾を閉め切った、よく似た事例があるということだった。中の水質のコントロールがどうしてもできないため、開けたという。韓国の方が進んでいると感じた。

——これから有明海全体に影響を広げないためにも対策が必要ではないでしょうか。

漁業被害はどんぶり勘定になるから数字に出しにくい。行政としては無視するだろう。排水門を開けて干潟を再生させた方がいい。間に合わないということはないだろうが、ずいぶん時間がかかると思う。たった三年間で、もしかしたら百年ぐらいの変化を与えてしまったかもしれない。潮の干満や干潟の動物の動きで軟らかさを保っていたわけだ。

田北教授の話には、長年の研究成果に裏付けられた説得力を感じた。短い時間で有明海の魚介類の生態などを詳しく聞くことは、無理があったが、「新しい発見」がいくつもあった。

干潟は〈資源〉だ

断たれた自然のサイクル

私は、二十年ほど前から野鳥観察（バードウォッチング）を趣味にしている。きっかけは新聞記者として地方勤務が長く、珍しい野鳥や季節の話題の取材で鳥の話を記事にすることがよくあったためだ。「新聞記者は、物知りでなければならない」と感じたからでもある。自然の生き物の写真などで間違いがないようにする必要もあった。

近年のアウトドアブームは、自然観察の「達人」を増やした。珍しい野鳥が観察できる各地のフィールドに出かけると、超望遠レンズ付きの高性能カメラを持った愛好家たちに出あう。取材記者を名乗るのが気がひけるほどの装備だ。そんな人たちに話を聞くと、「定年退職後の生き甲斐として趣味を持ちたい」とか「自然の中でのんびりするとストレスを解消できるから」などの答えが返ってくる。趣味に「はまった」人が増えた。しかし、散歩しながら季節感を味わおうと考えても、魅力のある空間が減ってきた。ゆとりのある生活空間を守っていく上でも自然環境の情報はおろそかにはできない。

「事件と選挙に強い記者がいちばん評価される。自然観察など暇なやつがやることだ」という忠告も聞こえた。でも「公害問題の告発なども重要だが、いつかは暮らしの環境保護が論議される時代がくる。自然環境の保護も取材の対象のはずだ」と、趣味と実益を兼ねてバードウォッチングを続けた。「切った張った」の事件記事も人間ドラマとして確かに面白いが、身の回りにどんな生き物がすんでいるのかは、日常の暮らしの中で大きな関心事になると、私は考えた。自分たちの環境を知る上で大きな指標のひとつになるからだ。近年では、東京の都心部などでニホンザルが出没して「野生のサルかどうか」が大きな話題になった。

野外での観察の基本は、自分が出あった鳥などの生き物はなんという名前で、どんな習性があるのか、を調べることだ。その一番の手引きになるのが、図鑑だ。さまざまな種類の本が出版されているが、野鳥の種類を同定する上で参考になる本で『野鳥識別ハンドブック』（高野伸二著、日本野鳥の会刊）というのがある。一九八〇年に初版が出てバードウォッチャーたちに愛読されている。私もその一人だが、表紙の写真が気になっていた。海岸に赤い草が生えて大型のシギ・ダイシャクシギが群れ飛ぶ光景が飾られていた。現地に出かけないと、なかなか分からないもので、私にはずっと謎だった。ところが野鳥観察を始めて十六年目にして、諫早市に住むようになって初めて諫早湾の干潟の風景だと分かった。赤い草は、シチメンソウという塩生植物が、秋に紅葉しているころに撮影されたものと思われる。ダイシャクシギの群れは、春と秋の渡りの途中に干潟に飛来。越冬するものもいたからたぶん間違いないだろう。

干潟は、潮の干満によって海の底に隠れたり顔を出したりする海岸や河口の砂や泥が堆積した区域のことをいう。干潟と言っても砂が多い区域や砂と泥が混じった個所、泥っぽい場所などさまざ

潮止め前の干潟。ハマシギなどが群れた（諫早市沖。97年４月）

ま。生き物の種類も異なる。諫早湾の干潟は泥質が大部分で、潮止め前は、旧海岸堤防から一歩足を踏み入れると、大人が腰付近まで埋まってしまうほど軟らかかった。ゴカイやカニ、ムツゴロウ、トビハゼなどの生き物たちがつくった無数の穴があり、潮が満ちてくると、「プチプチッ」などという、いかにも生きている様子をうかがわせる音が響いていた。

ゴカイやカニ、貝類、とくにアサリやハイガイなどの二枚貝は、人間の側からみると、水質の浄化に役立つ。干潟はさらに、魚介類の産卵や保育など重要な役割を担っている。

潮の干満が繰り返される干潟には、川の流れや潮流によって栄養分やミネラル分が運ばれ、魚介類の産卵や子育てには好都合の環境だ。こうした栄養塩で育ったゴカイやカニ、貝類、小魚は野鳥の餌になったり地域の人々の命をつないできたりした。

春と秋に東南アジア方面とシベリア、アラスカ方面を行き来する「長旅」の渡り鳥・シギ・チドリ類にとっては、旅のエネルギーの補給基地である干潟は欠かせない。

広大な干潟があった諫早湾は、一九九六年五月に環境庁が行った全国一斉のシギ・チドリ類の渡りの調査では九千四百二十四羽で全国一だった。チュウシャクシギやダイシャクシギ、オオソリハシシギなど種類も豊富だった。

干潟の栄養塩は、これらの渡り鳥の餌になったり人間が魚介類を水揚げしたりすることによって減る。研究者らは、こうした自然の仕組みを「物質移動」などと難しく表現している。考えてみれば、物質が動く自然のサイクルがうまくできているものだ。だが、干拓事業に伴う潮止めで「自然のサイクル」が断ち切られてしまった。

その結果どうなったか。長崎県は離島や「坂の街」の急傾斜地を抱えた地域が多く、生活排水を浄化する設備や上水道を整備するのにも費用がかさみ、下水道の整備率が全国的にも低い方だ。諫早湾沿いの地域でも同様だ。潮止め前の時点での公共下水道の整備率は、諫早市で二〇％そこそこだった。その周辺地域でも「農村の下水道」と言われる農業集落排水事業に着手したばかりか、終末処理場の用地確保が難航していた。

自然の営みで生活排水が浄化されていたのに、潮流を遮断。湾奥部の広大な干潟を含む水域を干陸化。閉鎖水域にして淡水化を目指した結果、水質が悪化し始めた。

シギやチドリ類の飛来数が全国一というのは、その地域の自然環境がすばらしいことのあかしのはずだが、干拓推進論を唱える長崎県や諫早市にとっては、どうということもなかったようだ。

干潟の「ワイズ・ユース」

一九八四年に大分県の平松守彦知事が地域振興策として提唱し始めた「一村一品運動」は、地域の資源を生かして「むらおこし」「まちおこし」の運動を進めるアイデアとして注目を集めた。国内はもちろん旧ソ連や韓国など外国にも「輸出」された。形を変えて熊本県ではその後「日本一づくり運動」も展開された。「一村一品運動」が始まった当時、私は大分県内に勤務し県政の取材を担当していた。それぞれの地域に適した産物や文化を守り育てる発想だ。その運動がスタートして二十年が経過。大分県内の多くの市町村は、人口の過疎化の悩みなどを抱えたままだ。「売上高が一億円を超えた農産物がどれだけ生まれたか」などの指摘もあり、運動の評価は分かれる。だが、「一村一品運動」が、大分県民にふるさとへの愛着とやる気を起こさせたことは確かだ。

ひるがえって諫早湾干拓事業を考えると、「日本一」と折り紙がつけられた干潟をつぶして農地を造成する計画に、広範な人々の賛同を得られるかは、大きな疑問だ。日本一の資源は、自然環境教育などに活用できる魅力が十分にある。

野鳥観察が好きな人々は、外国のフィールドにも出かける時代だ。中国の香港にマイポ湿地という場所がある。世界自然保護基金（ＷＷＦ）香港が、環境を管理している。中国に返還される前の一九九三年に取材で訪れたことがある。マングローブ林がある河口干潟でエビなどを養殖していた場所を、競馬の収益金で買い取り、保護しながら自然環境教育にも活用していた。

干潟に飛来する水鳥を観察するには、干潟の先端部まで行く必要があるが、マングローブの中にドラム缶を浮きにして造った「木道」がつながっていて、干潟の先端部には鳥たちを脅さずに観察できる小屋が設けられていた。訪れたのは二月下旬だったが、日本では一羽だけ観察されても野鳥観察愛好家らが大騒ぎする、くちばしが曲がったソリハシセイタカシギやハイイロペリカンなどを見ることができた。子供たちの環境教育にも利用されるほか、世界各地からバードウォッチャーが訪れるという。「干潟の賢明な利用（ワイズユース）」という面で参考になった。

諫早湾干拓事業では、事業見直しを訴える住民グループが、「ムツゴロウロード構想」という代替案を提案した。潮受け堤防の排水門を開放して潮流を復活させて干潟のある湾奥部を環境教育や養殖漁業などに活用するアイデアだ。造った潮受け堤防を島原半島と佐賀県方面をつなぐ近道に活用することも盛り込んだ内容。潮受け堤防の一般道路利用は、事業推進派の人々や行政からも要望が強いが、排水門を開放するか、排水門の数と幅を拡大するかで意見が大きく異なる。極端にいえば、干潟をじゃまもの扱いにして、魚介類ではなくて野菜などの農産物を生み出す土地に変えるのか、それとも魚や貝、野鳥たちがすみやすい環境を残し、人間もそれを利用して共生するのか、問われる事業だ。防災の効果は、沿岸の人々の命を守るために第一義的に考える必要があるが、潮止めから約四年が経過した時点で振り返ると、事業目的にうたわれたような効果を裏付けるものが少ないのではないか。過去三年間、毎年七月に大雨の被害があった。

干潟の自然環境は、なにも湾沿いの人々だけのものではないはずだ。ましてや巨額の国民の税金を投入する公共事業だ。

カブトガニを守る

干潟の生き物が私たちの暮らしに貢献している事例としてカブトガニの例を取り上げたい。泥質

産卵中のカブトガニのつがい（福岡市西区、93年７月）

干潟の諫早湾では確認されなかったが、砂の多い干潟には、「生きた化石」と呼ばれるカブトガニが生息するところもある。瀬戸内海や九州に多い。九州では佐賀県伊万里市の伊万里湾や福岡市西区瑞梅寺川河口の今津干潟、北九州市小倉南区の曽根干潟、大分県杵築市の杵築湾の干潟などに生息することが知られている。このうち今津干潟や曽根干潟は、干潟やその周辺で大きな開発プロジェクトがあり、生息環境への影響が心配されている。

岡山県笠岡市の笠岡湾生江浜海岸のカブトガニ生息地は、一九二八年に文化財保護法に基づいて国の天然記念物に指定されたが、国の干拓事業が進められた結果、生息地はぐんと狭くなった。

「生きた化石」という表現で紹介されるこのカブトガニは、爬《は》虫類が繁栄した恐竜の時代よりも前の約三億年以上も昔に出現し、ほとんど形を変えずに生き延びてきたといわれる。九州では七月から八月にかけての大潮の時を中心に産卵のため上陸する。干潮時には大気にふれて日光を直接浴びるような干潟の浅い場所に潜り込んで卵塊を産みつける。雌の後ろから雄が重なるような形で産卵に訪れる。孵化した幼生は、干潟の浅い場所で何度か脱皮を繰り返しながら成長。「大人」になるまで湾の深い場所でシャコなどを餌にして暮らすという。中国やタイ、インドネシアでは、カブトガニを食べる習慣があるらしいが、国内の生息地では漁民にとって漁網にひっかかって網を切る迷惑な存在だった。瀬戸内海沿岸では田んぼの有効な肥料になると信じられていた時代もあった。

一方で九州北部では「うんきゅう」と呼び、つがいで産卵行動をする姿から仲むつまじい夫婦のことを「うんきゅうのごと（ように）仲のよか」と呼ぶこともある。

福岡市の今津干潟で、産卵のため上陸したカブトガニを観察したことがある。潮の干満を計算に入れたように満ち潮の時間帯に岸辺に寄りつき、つがいで砂地の浅瀬を探して産卵する。数は少ないが、人口百万人を超える都市の片隅に残った干潟で遠い遠い昔から続いている自然の営みを目の当たりにするのは感動的だ。考えてみれば数多くのカブトガニが産卵に訪れる環境を残しておくのが賢明だと思う。

アメリカでは利用、日本では無用

またカブトガニは、医療の分野への利用で注目されている。というのも約三十年前からカブトガニ類の血球に含まれるコアギュローゲン（凝固たんぱく質）という物質が、毒素の有無を調べるのにアメリカで利用されているほか、エイズの治療でも研究対象になっている。ウイルスなどの病原菌や毒素に耐えて何億年もの太古から種を存続させている秘密を研究者らが探っているというのだ。アメリカで研究に利用されているのは、アメリカカブトガニという種類。日本などに生息するのとは別種だ。日本のカブトガニでも研究されているが、血液の一部を採取して再び海に戻さないと保護上問題が残るという指摘もある。

岡山県笠岡市の、国の天然記念物に指定されていた海岸は、笠岡湾大干拓という農林省（当時）の事業で消滅し、一九七一年に別の干潟が追加されるおかしな事態になった。笠岡湾大干拓事業は、湾の奥部（東側）と入り口（西側）に堤防を築いて挟まれた千八百七ヘクタールを干拓する構想で一九六九年に着工した。このころカブトガニの血球を利用した毒素検査の方法がアメリカで開発され、笠岡市では保護運動が活発化。七〇年に「笠岡市カブトガニを守る会」が結成された。さらに七八年には「日本カブトガニを守る会」ができた。

笠岡湾のカブトガニの生息環境が、干拓事業などで悪化したいきさつと、外国で医療研究に利用されて成果を挙げている現実を冷静にみつめると、貴重な生き物を「なんの役にも立たない」と切り捨てて目先の利益だけしか追求しない行政や地域社会のあり方が問われてもよいのではないかと思う。

諫早湾には、干潟の多様な生き物たちがいた。潮止め前から指摘されていたが、干潟の水質浄化の役割が失われ、農業用水に利用できるか疑問を感じさせるほど汚れている。干潟には、ほかにも未発見の利用価値があるのかもしれない。思考停止はよくない。農水省は、農業だけではなく水産の部門も受け持つ中央官庁のはずである。考える力が衰退した「脳衰」省では困る。

干潟の浄化能力

干潟は天然の浄化槽

干潟は貝などを採る潮干刈りや渡り鳥の観察などのレクリエーションの場になっている。砂が多い干潟もあれば砂と泥が混じったところ、潮止め前の諫早湾の干潟のようにソフトクリームみたいに軟らかい泥質のところもある。汚いように見える（実際汚い個所もあるが……）が、よく観察すると、実にさまざまな生き物が生きている。環境によって異なるが、泥の中の有機物を餌にしているゴカイやカニ、二枚貝などは砂や泥の中に潜り込むことによって酸素を送り込む。干潟に送り込まれる「汚れ」をきれいにする役割がある。私たちは、都市部と農村部とを問わず、台所やふろ場から出る生活排水の処理を、下水道に頼るのを快適な環境だとして受け入れているが、干潟は、天然の下水道処理場や浄化槽の役割を果たしている。

干潟には、貝やカニのほかにエビや小さな魚たちがたくさんいる。藻場がある浅瀬とともに産卵に適している。栄養となる有機物を貝やカニが食べても、そのままだと干潟はきれいにならない。貝やカニの体の中にとどまってしまうからだ。人間が貝掘りや漁をして干潟の恵みを水揚げすることが、自然界の「物質の移動サイクル」につながる。そういう意味では、ゴカイやカニ、貝、エビ、小魚をエネルギー源にしている渡り鳥たちの役割も重要だ。

干潟に飛来する渡り鳥の代表格は、シギ、チドリ類だ。ひと口にシギ、チドリと言っても体長一五センチぐらいのトウネンや二一センチのハマシギ、体長六〇センチ前後のダイシャクシギなどまでさまざま。野鳥観察を楽しむには鳥の種類名を覚えた方がいいが、干潟に出かけて鳥たちが餌をとっているシーンを双眼鏡や望遠鏡で観察すると、余計に興味がわく。おおむね潮が満ちかけてくる時間帯の方がいい。くちばしの長さや形が異なる鳥が、それこそさまざまに餌を探す。

ダイシャクシギのくちばしは、名前の通り弓なりに曲がっていて長い。観察していると、くちばしを干潟に突っ込んで小さなカニを捕る。カニの穴にうまくくちばしを入れて探すらしい。オオソリハシシギのくちばしは、やや長くて上に反っているが、これもゴカイなどを探すのに便利なように形ができあがったのだろう、と想像をたくましくする。

くちばしが短いチドリ類も、ゴカイなどを捕まえるが、よく観察すると、餌がいそうな場所に近づく時、直行せずにジグザグに歩く。酒によってふらふら歩く姿を「千鳥足」と表現するが、まさにチドリ足だ。

干潟にやってくる鳥の種類の仲間には、世界的に見て数が少ないのもいる。トキの仲間で世界的にも六百羽ぐらいしかいないというクロツラヘラサギ。中国で繁殖が確認されているズグロカモメは世界で五千五百羽ぐらいという。

海を失った国

潮の満ち引きが繰り返されるなぎさ。漢字を当てるとすれば「汀」や「渚」という字になる。人名にも使われるのは、そのやさしさ、さわやかな語感からだろうか。陸地と海の接点で、遠い昔から人が生活の糧となる魚介類を求めたり、海水浴や波の音に耳を傾けたりして自然とのふれあいを楽しんだ場所と言える。山で言えば里山などの環境だろう。山菜や燃料となる薪を供給した里山が、スギやヒノキに植え替えられたり、手入れをする人たちがほとんどいなくなって荒れているのと同様に、なぎさも、埋め立てや生活排水の流入、ごみなどの漂着物で汚くなっているところが、身の回りにたくさんある。

太平洋戦争の後、経済振興に力を入れるために、日本の各地で工業用地造成や食糧増産のために海が埋め立てられ、干拓地が造成され、干潟や貴重な生物の生息地となっていたなぎさが消えていった。その上高度経済成長期には造成された土地に生活環境を脅かす有害な物質を排出する工場が建設されて海を汚したため、今だに公害という負の遺産に苦しんでいる地域もある。干拓地でも「米の供給過剰」という理由で減反が進み、荒れ地になっている場所もある。

サンゴ礁や干潟を含めた湿地は、魚介類の産卵や稚魚の育つ場であり、周辺の人々の暮らしを支えてきた。海はいのちが生まれた場所とも言われる。ましてやとれたての魚介類を刺し身で食べる「魚食文化」が自慢の国ではないか。

「戦後間もない貧しい時代には、アゲマキ（二枚貝の一種）採りが私たち、子供のアルバイトだった」「夕飯のおかずがない時はちょっと干潟に出かければ間に合った」「県外の大学を卒業できたのも親が諫早湾で漁をして支えてくれたお陰だ」――諫早湾周辺に住む五十歳ぐらいから年上の人々からよくこんな思い出話を聞いた。干潟は、人間の暮らしと切っても切れない関係の自然環境だ。

ハゼグチ漁（97年２月）

最近は、食材になる魚介類の育成場としてばかりでなく、レクリエーションの場としての役割や、干潟がもつ水質浄化の働きが注目されるようになった。諫早湾干潟の泥は、ソフトクリームのように軟らかかった。潮止め前、旧海岸堤防から干潟に生息するカニやシチメンソウなどの写真を撮ろう、という時でもヨシ（別名アシ）が生えていて地盤がやや固そうな場所を見極めて干潟に入らないと、ぬかるみに足を取られて動けなくなるほどだった。だからムツゴロウなどの漁をする人たちは、杉の板などを滑りやすく加工し、先端部を反らせた「潟スキー」を使っていたわけだ。九七年四月の潮止め後、しばらくして「ムツゴロウやカニの救出作戦を」と全国各地から集まった人々が、干潟に入った時も腰ぐらいまで干潟にはまって動けなくなり、逆に救出を求めたこともあった。

その潟土は、黒っぽくて見た目はよくないがいやな臭いもない。そのくせ生活排水が流れ込む湾奥部の水質をきれいにする効果があった。ハイガイなどの二枚貝やゴカイ、カニなどが有機物を食べることが浄化につながるからだ。

干潟の水質浄化機能については、愛知県水産試験場などが三河湾の一色干潟で続けた調査を一九九五年にまとめた報告書がある。それによると、アサリなどの貝が多い約一千ヘクタールの同干潟は、計画人口十万人の下水処理施設を造ったのに匹敵する浄化能力があると試算した。一色干潟と諫早湾干潟は、すむ生物の種類が異なり、同列に比較できないが、潮止め後に干陸化した干潟に無数のハイガイやカキ殻の死骸が広がっていたことから想像すると、一色干潟に劣らないほどの浄化能力があったのではないか、と思われる。

前代未聞、口頭弁論でアサリ実験

自然の生き物にも生きる権利を認めよう、という立場で生物を原告にした「自然の権利訴訟」が、諫早湾干拓事業でも一九九六年七月に提起された。ムツゴロウやハイガイなどが原告になっている。「ムツゴロウ裁判」とも言われ、長崎地方裁判所で国を被告に諫早湾沿いの住民らが続けている。二〇〇〇年七月十八日に開かれた口頭弁論では、干潟の生き物たちが水質をきれいにする働き（浄化能力）について、ゴカイなど底生生物の研究で知られる鹿児島大学理学部の佐藤正典助教授が証言した。

佐藤助教授は、貝が汚れた水を浄化する働きを裁判官に理解してもらうため、コメのとぎ汁一〇c.c.を大村湾の海水に混ぜたペットボトル二本（いずれも五〇〇c.c.入り）を用意し、片方には鮮魚店で買ったアサリ貝十個を入れ、もう一本には入れなかった。佐藤助教授によると、アサリ貝一個が汚れた水一リットルを一時間で浄化するという研究報告がある。ちなみに諫早湾の干潟にはアサリ貝よりもハイガイやサルボウなどが多く生息していた。

諫早湾干拓では、潮止めの後、湾奥部の水位が海抜マイナス一メートルになるように、干潮時に排水門を開けて中の水を放流する作業が繰り返された。その結果、一千ヘクタールを超える干潟が露出し、無数のハイガイやカニなどが死滅した。佐藤助教授は、潮止めから二カ月後に貝の死骸が干潟いっぱいに広がっている光景を観察した。その時の光景を紹介しながら干潟の生き物たちが水を浄化する働きを説明した。法廷は約二時間で終わったが、終わるころには、アサリ貝を入れた方はコメのとぎ汁で濁っていた水が澄んだ状態になり、アサリ貝なしの方は濁ったままだった。傍聴席からは拍手が起き、裁判長から「静粛に」と注意を受けたほどだった。原告側の弁護士も「法廷で貝の水質浄化実験をやるなんて初めてではないか」と話していたという。

法廷での干潟の浄化作用の仕組みの解説は、こうだった。アサリ貝など干潟に生息する二枚貝類は満潮の時に海水を体内に取り込んで濾《ろ》過し、海水に含まれる有機物の粒子である懸濁物を濾《こ》し取って食べる。食べきれなかったものは貝が分泌する粘液に絡められて擬糞《ぎふん》として排出される。干潟の表面に沈んだ擬糞はカニやゴカイの餌になる。底生生物のさまざまな働きで海水中の有機物が除去され、新たな生物の生産に役立つ。干潟の浄化作用の中でもとくに重要だ。そこで佐藤助教授は、浄化実験で使った貝入りのペットボトルは、ハイガイやカキなど大量の二枚貝がいた本来の諫早湾で、白く濁ったままのペットボトルは現在の諫早湾のようなものだ、と述べた。

さらに佐藤助教授は、干潟の役割について魚介類の産卵、保育の場で高い生物生産力がある点や、渡り鳥の中継地や越冬地になっていることも詳しく述べた。そのことが干潟の浄化能力に大いに関係していることも強調し、海の富栄養化防止につながっていると説明した。また愛知県水産試験場などが三河湾の一色干潟で行った水質浄化の役割の調査について、一千ヘクタールの干潟で一日当たり一・三トンの窒素と〇・三トンのリンが水中から除去されており、干潟に流入する量の約半分に相当するという報告だとした上で、諫早湾を含めた有明海ではこうした研究はされていないが、規模の大きさと生物相の豊かさから諫早湾の干潟の浄化能力は一色干潟以上だった可能性が高いと述べた。さらに下水道と比べると、干潟の浄化能力は無償で、しかも生態系の食物連鎖で水質を浄化すると同時に水産資源の再生産も行われる。窒素やリンを除去する下水道の高度処理と同様の能力も無償だとも解説した。

干潟は未来の資源？

これより先に環境庁は、九七年度から、干潟や藻場が水質浄化など環境保全にどれだけ役立つのか、数値で表す調査を続けた。「藻場・干潟の環境保全機能定量基礎調査」と名付けられたものだ。調査では海草や干潟の貝、ゴカイなどの生物が富栄養化のもとになる窒素、リンをどれだけ摂取して水質を浄化するかなどについて三年がかりで調べられた。干潟の浄化能力を数値で表す方法を探るのがねらいだ。アメリカやイタリアなどでは、湿地の役割を見直して干潟を蘇らせる取り組みをしている。国際的に重要な水鳥の生息地となっている湿地を保護するための「ラムサール条約」では、魚介類が育つ場所としての湿地の役割にも注目するようになった。干潟の保護は、国際的な潮流にもなっているのだ。

諫早在勤のころ、干潟の役割について見直す動きを取材するなかで、「生ごみ処理剤の開発で、諫早湾干潟の土に含まれる、ある種のバクテリアが役に立つのではないか、と薬品会社の研究者が注目している」といううわさを聞いたことがある。酸素を好む好気性バクテリアと酸素が嫌いな嫌気性バクテリアが泥の中に存在していて、それぞれ潮の干満が繰り返される中で蛋白質をアンモニアから窒素に、炭水化物を炭酸ガスに変えてしまう働きをすることは、よく知られているという。

商品化するには、どんなバクテリアが適当なのか、探り当てる必要がある。

またごみ処理の問題では、生ごみの減量がどこの自治体でも課題になっている。家電メーカーも、生ごみを堆肥化する製品を開発、売り出しているが、ある業者が、長崎県内の研究者と協力して生ごみ処理技術を開発したというニュースが業界紙に掲載された。この研究者が諫早湾の潟土のことを調査していたことを別の研究者から聞き、裏付け取材を試みたが、あっさり否定された。

それとは別の話だが、九八年六月の朝日新聞栃木版に、宇都宮市の企業が、諫早湾周辺の土から抽出した乳酸菌などを利用して悪臭を出さない廃棄物処理剤を開発したという記事が掲載されていたのを後で知った。それによると、この企業は、長崎県などが開発した汚水処理や悪臭除去などに効果のある廃棄物処理剤の総代理店で、その製品を利用して効率的な廃棄物処理方法を開発したという。

新しい技術には企業秘密がつきものだが、ほかにも隠れた資源があるかもしれない。とすれば諫早湾干拓事業は、将来価値を生み出す資源をなくしたことになる。

第3章 海とともに

諫早市周辺のまち

高来町

諫早市の北隣には高来《たかき》町がある。多良山系の恵みを受け、諫早湾沿いの丘陵地には水田と畑地が広がる。農林水産業が中心だが、昔から大工が多いまちと言われる。和紙づくりが盛んだった時代もあり、山の恩恵を受けていたことが想像される。海岸線沿いにはJR長崎線が走り、一九九〇年代後半になって諫早市や長崎市などに通勤する人たちのベッドタウンになりつつある。

湾に流れ込む境川の上流には、環境庁（環境省）選定の「名水百選」になった「轟の滝水源」がある。滝の近くに山の岩肌からしみ出す水源が数カ所あり、おいしい水を求める人々が車を連ねて訪れる日もある。静かな環境やおいしい水が魅力で「名水」にあやかった菓子や農産物が売り出されている。

多良山系には、スダジイやタブノキなどの広葉樹の自然林もあり、国の天然記念物でネズミのような姿をした「森の妖精」ヤマネがすむ。昆虫や木の実を餌にする。このほかピンクや赤がまじったツクシシャクナゲの群生地もあり、新緑が鮮やかな五月ごろの花の時季には行楽客でにぎわう。

高来町の大部分の地域は、諫早湾干拓事業の潮受け堤防よりも内側（湾奥部側）にある。湾に面した地域では、一九九七年四月の潮止め以降、暮らしがガラリと変わった人々が多い。湾内はボラやスズキ、コノシロ、チヌ、ハゼグチ、ウナギなどの魚がよく獲れ、赤貝の仲間のハイガイ、カキ

高来町の潮受け堤防外側から眺める排水門（99年1月）

などの貝類の水揚げが暮らしを支えてきた。晩秋になると、国道207号沿いにはカキをバーベキューのように炭火などで焼いて食べさせるカキ小屋が開店。翌年三月ごろまで行楽客が手袋をつけて野趣豊かに海の幸を味わうのが名物だった。湾内には「カキ床」と呼ばれるカキを育てる場所があちこちにあった。殻は小さいが、味がよいと評判だった。

スズキやコノシロ、ボラに似たヤスミなど汽水域にすむ魚は、地元の人々にとっては食卓に欠かせない味覚だった。地元でとれる「ジゲモン」の魚介類を中心に扱う鮮魚店も町内にあり、「スーパーと競争してもうち独自のものがあるからなんとか対抗できる」と店主が自慢するほどだったが、潮止め後は、長崎市の魚市場で仕入れたものに頼らざるを得なくなった。

潮止め後、潮受け堤防の排水門の操作で湾奥部への潮流が遮断された上に調整池の水位はふだん海抜マイナス一メートルに保たれるようになった。この結果、一千ヘクタールを超える泥の干潟が干上がり、日ごとに乾燥が進んで干陸化した。大雨が降ると調整池の塩素イオン濃度が次第に低くなり、泥の中に含まれる塩分が溶けだして再び塩素イオン濃度が上昇するという現象がしばらく繰り返された。淡水に近づくに従って調整池にすめる生き物の種類が変わっていった。高来町や吾妻町の海岸部の潮受け堤防近くには漁船を係留する場所があり、漁の面白みや「じげもん」（地場産）の味が忘れられないという地元住民十数人が、潮止め後も「出漁」していた。潮止め直後からしばらくはコノシロやチヌ（クロダイ）、グチ、ヤスミ（ボラの仲間）、ウナギ、ガザミ（ワタリガニ）などが獲れていたが、汽水域にすむ魚介類でもコノシロやチヌ、グチ、ガザミはだんだん獲れなくなった。

小長井町

高来町の北隣には小長井《こながい》町がある。諫早市から湾沿いに佐賀県方面に向けて車を走らせると、国道207号沿いにメロンやイチゴ、スイカなどをかたどった「フルーツ型バス停」が所々にある。佐賀県側から長崎県への入り口の町としてイメージアップを、と一九八九年度から町が設置を始め、バス停は十年間で十五基を数えた。町によると、一基あたりの費用は二百七十万円前後。また諫早湾を見下ろす標高四百五十メートルの山茶花《さざんか》高原には香草（ハーブ）の楽しみ方を学べるミニテーマパークの山茶花高原ハーブ園や風力発電設備を置いたレジャー施設があり、町外からの集客に力を入れて町を売り込もうとしている。

町名の由来は、小川原浦村と長里村、井崎村が合併し、旧村名の頭文字を取って「小長井村」になった、と町の郷土誌に書かれている。もともと農漁業と石材を主体にした町だが、諫早湾干拓の歴史の中で小長井町ほど干拓事業に翻弄された町はほかにない。住宅の石垣や堤防を築くのに適した石材が採れ、江戸時代から神社の鳥居や墓石などの需要が多かった。明治時代以降石材の採掘が自由化されると、佐賀県や福岡県など有明海沿いの干拓工事を支えてきた。多良山系側と島原半島の間を結んで湾奥部を閉め切る潮受け堤防（七千五十メートル）の工事でも、小長井町産の石材が使われた。石材の需要は、一挙に膨らんだ。

「干拓特需」で採石場が住宅地近くまで拡張された結果、発破による振動や石材を運び出すダンプカーによる粉塵《ふんじん》などの悩みが噴出。採石場の新設や拡張をめぐる県への認可手続きで、県に提出する町長意見に住民の意思を反映させたいとして九九年七月、町主導で住民投票が行われた。採石場の新設などの賛否を問う投票は全国でも初めてのことだった。結果的にはわずかながら賛成派が多かったが、それも採石業が町の人々の暮らしを支えてきたのだからすぐにはなくせないという認識が強かったためだろう。

小長井町、山茶花高原の風力発電装置

町の調べでは、町内の石材生産量は潮受け堤防の工事が本格的に始まる前年の九一年度に三十五万七千九百七十七立方メートルだったのが、九二年度には五十九万六千百六十七立方メートル、九四年度に八十八万千五百二十一立方メートルと急増した。このうち干拓堤防工事用は九一年度に四万三千三百二十四立方メートル。九四年度は二十万七千五百三十六立方メートル。

九七年度は全体で百八万四千六百四十九立方メートルに膨らんだ。うち潮受け堤防工事用が六十八万七千百四立方メートル。売り上げは堤防工事用だけで二十一億六千五百万円だった。九六年度は七十八万二千四百十七立方メートルが潮受け堤防向けで、二十二億八千九百万円を稼いだという。

干拓特需で潤った住民がいる一方で、干潟のある海の恵みが失われ、暮らしが激変した漁民らが百世帯近くもある。小長井町や佐賀県太良町沖合の有明海は、二枚貝・タイラギの好漁場だった。タイラギは砂と泥が混じる海底にすむ貝でほぼ三角形の殻の「角」を上に出している。潜水器具での漁だ。冬場の十二月から三月ごろにかけてが漁期。この間に千五百万円前後の水揚げを稼ぐ漁家も多かったが、潮受け堤防工事が本格的に始まった九二年度からタイラギの水揚げが激減、九三年度から二〇〇〇年度まで八年間休漁に追い込まれたままだ。八九年度は三億五千万円の水揚げを記録。九一年度にも二億二千万円余りの水揚げがあったが、九二年度の六千百万円余りを最後にタイラギの水揚げはゼロが続いている。

原因についてタイラギ漁民らは「工事用資材を運ぶ船が浅い海域を行き来して海底のヘドロを巻き上げたことや、工事用の砂採取などで海底の環境が変化したため」と指摘。農水省や長崎県に救済を訴えたが、農水省側は認めていない。

小長井町や島原半島の瑞穂町の人々が潮受け堤防工事の歴史に翻弄されたというのは、当初、小長井町も閉め切り堤防の内側に含まれていたからである。諫早湾干拓の構想はもともと一九五二年に、当時の長崎県知事だった西岡竹二郎氏がぶち上げた「長崎大干拓構想」を基礎にしていた。長崎大干拓構想は、佐賀県太良町竹崎と島原半島の国見町土黒を結ぶ堤防を築いて約一万ヘクタールの諫早湾奥部を干拓しようという内容だった。当然、漁民らの反発が出た。七〇年には水資源確保などに目的を変えた「長崎南部地域総合開発事業（略称・南総計画）」に看板をかけ替えた。佐賀県を含む漁業者らの反対に加えて、閉め切って淡水化した水を飲用にできるか、疑問視する論議もあった。

このため八二年十二月中旬に金子岩三・農林水産大臣（当時）が「湾外、県外の同意が得られず計画の推進は困難」と南総計画打ち切りを示唆。これを受けて農水省は規模を圧縮して防災の観点を重視した総合的干拓事業として進める方針を決めた。同年末には一九八三年度予算案として防災調査費二千万円など事業費六億円を計上した。事業目的が二転三転し閉め切り堤防の位置がはっきりしないまま、約四十年が経過する間に漁港防波堤や港湾施設などの整備が進まなかった。

山茶花高原のハーブ園などは、元長崎県職員の古賀忠臣町長が「町を訪れる交流人口を増やして町の新たな産業振興と暮らしのあり方を提案しよう」と力を入れて造った。一九九五年にハーブ園がオープンした後、数年してハーブの苗づくりを手がける農家や福祉施設もわずかながら育ったが、「（客は）思うようには増えていない」（古賀町長）という。

課題の多いまちづくりをどう進めていくのか。古賀町長のパフォーマンスと見る人もいるが、機会を見て住民投票で住民の意思を問いながらやっていこう、という「まちづくり住民参加条例」が二〇〇〇年三月十三日の町議会で可決された。テーマを限定しない常設型の住民投票条例制度は、全国的には大阪府箕面市に次いで二例目という。

目新しい発想で町づくりへの住民の意欲をかき立てたい、というのがねらいだが、干拓特需の恩恵を受けた採石関係の人々と、漁場の環境が予想以上に悪化して暮らしが立ち行かなくなった漁民との利害が対立する結果となった。かじ取りはむずかしい。

森山町

諫早市の東隣は、森山町である。キリシタン弾圧の悲しい歴史や雲仙普賢岳の災害、温泉などで知られる島原半島の出入り口になる。人口は六千人余り。農業中心の町だ。諫早市と似て橘湾と有明海という、生態系が異なる海に面していた。「いた」というのは、九七年四月の潮受け堤防の仮閉め切りで有明海の潮流が遮断され、干潟のある海が遠のいたためだ。

諫早湾の旧海岸堤防沿いに広がる水田地帯では、潮止めで排水がよくなることなどを農家が期待していたが、大雨が降れば水田の冠水が繰り返される。干拓事業に対する評価は、いまの段階では「以前よりも改善された。潮風によるイネの塩害被害がなくなった」というのと、「思ったほど排水が改善されない」という意見に二分されているようだ。

森山町では、木造の公立図書館としては規模が全国一とされる町立図書館が一九九五年に開館し、利用者が多いなどマスコミの話題になった。町内外から利用者が訪れ、町では町立図書館を中核にして町内の史跡や自然の観察記録を「エコミュージアム」的な考えで保存する「村のこし運動」をしている。ほかに障害者らが使いやすいように工夫した日用食器や環境問題に配慮した給食用陶磁器などを考案する工業デザイナーらユニークな人材もいる。

この町立図書館を整備した当時の町長は橋村松太郎氏だが、具体的に企画、立案したのは大分県緒方町で図書館運営などを経験した専門家だと言われる。こういった人々を引き抜き（ヘッドハンティング）して、ユニークな町づくりを進めようとしたが、五期目の中途で県議会議員（北高来郡区）に転身。後任で元証券マンの田中克史町長は、起債（町の借金）の償還に頭を痛めているという。

諫早湾干拓事業では、橋村氏は「防災効果を高め、排水をよくするために不可欠」という立場で強硬な推進論者だった。「水稲を栽培してもよいのでは……」との考えを町長時代に公言したこともある。

というのも、干拓推進論の背景に、諫早市の平野部の農家の多くが主張したのと同じく水田地帯の排水不良の実態があるためだ。干潟が海岸堤防の前で成長すれば、水田地帯との標高差が開くばかりだ。だから潮止めをして潟土《がたつち》が運ばれないようにする一方、調整池の水位を下げることで用水路の水位の方が高くなれば、自然に排出されるという理屈だ。しかし潮止め後に何度かあった大雨の時、町役場がある国道57号沿いでは、道路が冠水したり住宅が床下浸水したりする被害が繰り返された。

諫早平野全体がそうだが、農業用水路は用水と排水を兼ねたもので、田植えの後、水が水田の地表面近くまで貯めてある。水資源が豊富な地域では、潅漑用水の送水管（あるいは用水路）と排水路を別にした水利施設が整備されている。水田の排水をよくすれば野菜や果樹が栽培できるからだ。諫早平野では、水不足の心配があることから地下水に頼っているところもあるほか、用水路をため池代わりにして直接水を引き込んだりポンプでくみ上げる仕組みになっている。

森山町の場合、町役場近くを流れる二反田川流域では田植えシーズンになると、農業用水路と田んぼの表面が同じレベルの個所があちこちで見られる。しかも丘陵地の高台の田んぼから田植えを始め、段々平野部に移っていく。水を有効に利用しようという地域の農家同士の知恵だが、農業用水路いっぱいに水を貯めるために、おのずから排水が悪くなる。田んぼに野菜や果樹作物を栽培しようとしても困難なケースが多い。

川幅を広げたり深く掘ったりすれば冠水や浸水の被害も少なくなるだろうが、これまで思い切った防災対策はなぜかとられてこなかった。佐賀県や福岡県などの有明海沿いの干拓地に見られるような、規模の大きな遊水池もない。

森山町の二反田川と愛野町方面から流れ込む有明川の河口に挟まれた区画に、国営諫早干拓地がある。広さ三百五十一ヘクタール。食糧増産を目的に戦後に着工。一九六三年に四十六戸が入植、経営面積の規模を拡大する増反農家二百二十三戸が土地の払い下げを受けた。米麦中心の作付けで、排水条件がよい一部の圃《ほ》場でミニトマトなどの園芸作物を栽培している。レンコンを栽培したりスッポン養殖を手がけたりしている農家もある。米で暮らしが支えられていた時代はよかったが、減反政策が進み、輸入自由化で米価が全般的に下落したことから農家は厳しい状況に追い込まれている。

愛野町と吾妻町

潮受け堤防よりも内側の、湾沿いの島原半島側には愛野町と吾妻《あづま》町がある。湾岸を島原鉄道が走り、愛野駅と吾妻駅間の切符は、駅名の語呂合わせがよいということで新婚さんらに人気があるらしい。島原半島は、県内でも農業が盛んな地域で、湾を見下ろす丘陵地は畑作や畜産農家などが多い。愛野町から南へ向かうと、雲仙温泉などがある小浜町を経由して島原半島の南側へ通じる。北側を回ると、吾妻町や瑞穂町、国見町を経て島原市につながる。

このうち愛野町は、ジャガイモ（バレイショ）栽培が盛んなところだ。町の南部の丘陵地は橘湾に面している。地元に住む知人によると、ジャガイモの価格が高い時期にもうかった農家が、豪華なマイホームを建てたこともあったらしいが、いまでは遠い昔話になったという。

一方、吾妻町には、潮受け堤防への出入り口がある。堤防近くに流れ込む、小さな川の河口に干潟があった。諫早市など多良山系側と異なって、こちらの干潟は砂や小石が多い砂泥質。潮止め後しばらくは、干潟の表面にできた巣穴に塩をつけた毛筆を差し込んでアナジャコをおびき出すユニークな漁が続けられていた。てんぷらにするとおいしいアナジャコの漁は、潮受け堤防の外側で辛うじて続いている。調整池側にはカキの「養殖場」もあり、潮止め直後しばらくは貝の死臭が付近の住民を悩ませた。死骸となった白い貝殻が広がっていた場所には、川の流れで運ばれた野菜や野草の種子が芽吹き、草原になった。

アナジャコ獲り（吾妻町、97年５月）

吾妻町内には、明治半ばから昭和初期にかけ、生涯をかけて農地の拡張事業に意欲を燃やした地元の有力者らが、災害で堤防を壊されながらも造成した干拓地がある。第一工区と第二工区と呼ばれる。諫早平野の干拓地と異なって干潟に面した堤防は高く築かれている。干拓地から排水をする時は、海側の水位が低い時に水門を開けて自然放流するしくみだ。干拓地でトマトやナスなどの野菜づくりを手がける農家が比較的多い。干拓地内の水位が上昇して田畑が冠水するのを避けるため海（調整池）側には水を汲み上げる排水ポンプが整備されている。排水ポンプの管理は、干拓地の農家で組織された土地改良区が受け持つ。ポンプを稼働させる電気代も土地改良区の自己負担だ。諫早市などでは当時、自治体がポンプの維持管理費を補助していたが、吾妻町では対応が違った。

潮止めから三カ月近くになった一九九七年七月六日から十二日までの一週間に、諫早地方で八〇〇ミリを超す大雨が降り続いた。吾妻町の第一工区干拓地土地改良区役員によると、十日午後は約百二十五ヘクタールの農地の三分の一ほどが冠水した。さらに川が増水する勢いで調整池の水位が水田より高くなってしまい、水門から逆流し始めたため排水ポンプを運転し、排水した。

排水ポンプは一九八〇年に据え付けたが、動かすと電気代が高くつくため、十七年間稼働させないままだった。配電盤も故障していたが、湾の潮止め後「調整池の水位が上昇したら困る」と、約七十万円を土地改良区が負担して修理したという。

畜産も盛んで、肉用牛や子牛を生産するため繁殖牛を飼育する農家が多い。潮受け堤防工事が続いていたころ、堤防の付け根の集落では、畜産農家が「工事用のダンプカーなどの音で牛が驚いて困る」などの苦情を九州農政局諫早湾干拓事務所に訴えていた。訴訟を起こす構えを見せていた時期もあったらしい。

干拓事業に対して湾沿いの市や町は、長崎県とともに「推進」の立場で動いているが、住民サイドでは、それぞれに課題や悩みを抱えており、「一枚岩」とは言い難いように見える。

第4章 諫早湾の生き物たち

ムツゴロウ

諫早湾干拓事業をめぐる論議で象徴的な存在になったのは、ムツゴロウだ。干潟を守ることの意味は、さまざまな生き物が相互に関係し合う生態系が人間の暮らしを支えることに多くの人々が気づき始めたということだろう。外見上は黒っぽくてなんの変哲もなさそうな泥だらけの干潟だが、そこにはゴカイやカニ、シギ、チドリ類、赤貝に似た二枚貝・ハイガイ、カキなどの貝類、ユニークな魚、シギやチドリ類、カモ類などの渡り鳥といった具合に実に数多くの種類の生き物たちが生息していた。ちょっと難しく言えば諫早湾の干潟には多様な生き物たちの生態系が存在していた。

諫早湾の広大な干潟は、渡り鳥の飛来地や魚の産卵場としても保護する価値は高かった。ユニークな種類の生き物がたくさんすむ場所だった。その中でもムツゴロウは、目立つ存在だ。愛らしく大きな目をしていてしぐさも愛敬がある。泥干潟にすむハゼ科の魚で黒褐色の体の表面には青い斑点（ブルースポット）がある。遠くから見ると、黒っぽくて取り立てて魅力があるように見えない。ただ結婚相手に気に入ってもらうために雄がジャンプする姿は、なかなかまねができないパフォーマンスだ。

くだんの青い斑点も、そばで見るときれいだ。透明感のある白っぽい青色で、まるで夜空に光る星のような模様だ。ふだんは軟らかい干潟に巣穴を掘り、潮が満ちてきた時には穴に隠れ、干潮時

ポーズをとるムツゴロウ

に干潟の表面に生える珪藻《けいそう》と呼ばれる「コケ」を餌にして生活する。巣穴の周辺数メートルが主な行動範囲で縄張り争いの行動もよく観察される。巣穴は、口に泥を加えて外に運び出すことを繰り返して掘る。断面からみると、釣り針のような「L字型」をしている。五月から七月ごろにかけての繁殖時期には、雄が雌の気を引こう、と求愛のジャンプを見せる。観察していると、巣穴のそばで何度もジャンプを繰り返し、雌が気に入ったら、雄が用意した巣穴に入っていくようだ。英語では「Ｍｕｄ ｓｋｉｐｐｅｒ」の名前が付けられている。

国内では、有明海と熊本県の八代海の一部に生息する。朝鮮半島や中国、マレーシアなど東南アジアにも分布する。太古の昔に北部九州が中国大陸と陸続きだったことを物語る生き物の一種とされる。長崎県の諫早湾や佐賀県の有明海沿いでは、ムツゴロウを食べる習慣がある。蒲焼きや甘辛く煮て食べるのが一般的だ。

長崎県は、対馬や五島列島など離島が多く、東シナ

ムツゴロウ掘り（森山町沖、97年10月）

海を主体に好漁場に恵まれている。イカやアジ、サバなど近海ものの味覚が自慢だ。ムツゴロウなど有明海の味覚は、限られた地域の食文化とも言える。

諫早市内をぶらりと歩くと、街灯の柱にムツゴロウの姿が刻まれているのを見かける。一時期、「のんのこ節」という地元の民謡に合わせて皿を打ちならしながら踊る「のんのこ祭り」の宣伝キャラクターにムツゴロウが採用され、主役格だった。それほど地元では親しまれていた。同市隣の森山町の水田地帯には、海を捨てた漁民らの手によって、暮らしを支えてくれた魚や貝類への鎮魂と感謝の気持ちを込めてムツゴロウと二枚貝のアゲマキをかたどった石碑が建立された。

ムツゴロウは、警戒心が強い。自然観察や写真取材でできるだけ近づこうとすると、巣穴に潜り込んでしまう。では、どうやって捕獲するかと言えば、いちばんポピュラーな漁法は「ムツかけ」と呼ばれるものだ。特製の釣り針で引っかける。長さ五、六メートルの釣り竿に糸を結び、軟らかい干潟にのめり込まないように板でつくった潟スキーに乗って漁をする。干潟の表面を動き回るムツゴロウを見つけて柱時計の振り子のように勢いをつけて釣り針をとばして引っかけるのだ。熟練の技が要る漁法だ。

諫早市川内町に中島勇さんという「ムツかけ名人」がいた。潮止め工事の数年前まで農業の傍らノリ養殖など漁業も営んでいた。温厚で研究熱心な人柄で、ムツゴロウ漁の取材に協力してくれた。中島さんに何度か話を聞いたところでは、ムツかけの釣り針は、自転車のスポークを自分で加工して作るということだった。潟スキーも手製だ。

「潮受け堤防が高潮など防災のためのものならば」と、干拓事業を推進する地元の農家の声に同調したという中島さん。潮受け堤防の仮閉め切り工事があった一九九七年四月十四日以降も、愛着を覚えるムツゴロウのことを気にとめながら漁を続けた一人だ。

潮止め後、諫早市小野島町などの旧海岸堤防から沖合約二キロまでの干潟の干陸化が少しずつ進んだ。潟スキーも使えない場所が増えた。このため「ムツかけ漁」をできる場所が限定されるようになり、巣穴を見つけてクワで掘り出す「ムツ掘り」をする人が現れた。中島さんも挑戦した。「自家消費用のほか、お盆に帰省する親類や知人にムツゴロウを食べさせてあげたいという近所の人や、昔からムツゴロウを買ってくれる食堂の人に頼まれることが多くてね」と、干潟が変わりゆく様子を見ながら漁を続けた。消えゆく姿を惜しむ表情も感じられた。

諫早湾の干潟でムツゴロウ漁を続けたのは、長崎県内の湾沿いの人たちばかりではない。干潟でユニークなスポーツを楽しむイベント「ガタリンピック」でまちおこしを進めている佐賀県鹿島市内からも、ムツゴロウ漁にやってきていた人がいた。さらに佐賀県からはカニを佃煮に加工した「ガン漬け」の原料を確保するため、シオマネキやアリアケガニを捕りに訪れた人に出会ったことがある。

干拓推進を説く長崎県が作成した文書には、ムツゴロウについて「有明海からムツゴロウの姿が消えてしまうことはないものと考えられます」と記されている。だが、多様な生き物がすむ生態系を何カ所も残すことに意味があると指摘する研究者らも多い。長年有明海の魚を研究している長崎大水産学部の田北徹教授（魚類生態学）もそんなひとりだ。

田北教授は、一九六三年以来諫早湾や有明海に通ってムツゴロウなどの生態を調べ研究を重ねてきた。近年はマレーシアやインドネシアの干潟にも出かけている。諫早湾での調査、研究は、一九九七年四月の潮受け堤防の閉めきりをきっかけに「海でなくなったから」と、しばらくやめていたが、どんな場所で生きのびているのか、潮の干満が消えて干陸化が進む場所で、巣穴を掘る独特の習性が発揮できるのかなどの興味から九八年に観察を再開した。

田北教授らのグループは、マレーシア科学大学との共同研究で、ムツゴロウやトビハゼが巣穴に空気貯蔵庫をつくって繁殖行動に役立てているという研究リポートをまとめた。この報告は、マレーシアの干潟での観察結果に基づくもので、九八年初めに英国の科学誌「ネイチャー」に掲載されたが、田北教授は佐賀県鹿島市の塩田川河口でトビハゼが、同じような空気貯蔵庫を巣穴に造っているのを確認した。

田北教授によると、ムツゴロウやトビハゼは軟らかい泥質の干潟に巣穴を掘って産卵するが、泥質の干潟は無酸素状態になりやすい。そんな環境でどうやって繁殖するのかという疑問から研究を進めた。マレーシアのペナン島の河口干潟などで調査を続けた結果、巣穴は下に向かって掘られた後、横向きに進み、さらに上向きになっていた。巣穴の壁に産卵するということだ。

ムツゴロウやトビハゼは穴に潜る際に口を膨らませて空気を運び、酸素を供給して生き延びていた。ちなみにトビハゼの巣穴の形は「Jの字形」という。鹿島市の河口では五月から六月にかけて調査を進めた。その結果、マレーシアで観察したのと同じ行動が見られた。ムツゴロウも同じと推定されるという。

ウナギ

旅行や出張で出かけた時、その土地でしか味わえない食材や料理、土産品に出あうとちょっと楽しくなる。原爆被爆の遺構や遺品などを展示した原爆資料館、キリシタン弾圧、江戸時代の外国貿易の歴史など長崎には語り尽くせない普遍的な素材やテーマが多いが、食べ物ではかまぼこやボラの卵塊を日干しにした鱲子《からすみ》などが挙げられる。定番はチャンポンや皿うどん、カステラだろう。諫早の名物と言えば、全国的には知られていないものの、ウナギ料理と米を材料にした和菓子のおこし。この二つは、諫早平野と諫早湾の干潟が育てた名物と言える。

ウナギは、各地に名所や名店があるが、諫早のウナギは九州では福岡県柳川市と並ぶほどという食通もいる。諫早市内には、江戸時代に創業したというウナギ料理の老舗がある。毎年七月の「土用丑《うし》の日」の前には、市内を流れる本明川で専門料理店の組合主催の「ウナギ供養」が開かれ、ウナギが放流される。ウナギが名物になったのは、湾沿いでおいしい天然ウナギが捕れていたからだ。

ウナギの生態はあまり分かっていないらしいが、フィリピン沖の海で産卵、稚魚のシラスウナギが潮流に乗って日本各地にやってきて川をさかのぼったり河口域で育ったりすると言われる。ウナギ料理店でわれわれが口にするのは、ほとんど養殖ウナギ。鹿児島県や宮崎県などの海岸や河口部では、遡上しようとするシラスウナギを捕る漁が盛んで、それが養殖業を支えている。外国産のシラスウナギに依存した時期もあったらしいが、諫早市内の料理店主によると、最近は老舗でも鹿児島県産などの養殖ものが主流で、同市内で年間で計約百トンのウナギが消費されるという。

遠来の知人や会社の上司、同僚が訪ねてきた時はたいてい「ウナギを食いに行くか」となる。最初のころは「ウムッ、うまい」と思った時もあったが、正直に言えば「昔よそで食べたのと比べると、それほどでもないな」と感じていた。

川に入ってウナギを捕まえて蒲焼《かば》きにして食べる。日本各地でふるさとの川の自然度が貧しくなったいま、そんな体験をした人は数少なくなりつつあると思う。私自身は、ふるさとの熊本県で子供のころ、ウナギをとって料理した思い出がある。ウナギをとった小川もいまは、ない。三面コンクリート張りの農業用水路になってしまった。コイやフナもすめない。川と呼べるようなものではない。子供のころの味覚が鮮明に記憶に残っているものでもないし、調理の仕方によっても味は異なる。それでも自前のウナギの蒲焼きは、プリプリした食感があって「うまかった」という思い出がある。

潮止め後も、潮受け堤防の内側（湾奥部）の調整池でボラに似たヤスミと呼ばれる魚などの漁を続ける地元の元漁民が湾奥部の高来町や吾妻町に何人かいた。潮流が遮断された後、淡水化がどのように進むのかという関心もあり、どんな魚がとれるのか漁から戻る人たちに話を聞きに通った。いつごろだったか詳しくメモしていないが、直径五、六センチの大きな天然ウナギが水揚げされているのを見たこともある。

潮受け堤防外側にある高来町の干潟では、石積みに隠れた天然ウナギを干潮時にとる伝統的漁法が、細々とながらも続いている。ウナギ塚漁とか石積み漁と呼ばれる。ウナギが石垣などのすき間に集まる習性を利用した漁法で、干潟に石で囲いをつくり、その中に穴を掘って石を積み重ねる。潮が引いた時に石を取り除き、水をくみ出してウナギを捕まえる。

いまは自分たちで食べる目的の人たちがほとんどで、大漁の時は親類や近所におすそ分けする。大物ねらいの楽しみもあるという。長年この漁を続けているお年寄りに話を聞くと、自家製の木炭を使って天然ウナギの蒲焼きをつくるのが楽しみでウナギ料理店で食べる気にならないほどうまいともいう。

潮流が遮断された後、本明川など湾奥部の川をウナギが遡上するのはきわめて厳しくなった。

干拓事業の潮受け堤防で閉め切られた直後の一九九七年五月下旬、映画やテレビドラマで活躍がめざましい地元出身の俳優、役所広司さんが主演男優賞を十四回受けたことを祝う会が諫早市内のホテルで開かれた。役所さんは、カンヌ映画祭で大賞になった「うなぎ」にも主演。話題になった。ファンを前に名所の眼鏡橋や名物のうなぎなど、懐かしい思い出話を披露した。

干拓の影響で名物のウナギを取り巻く環境が厳しくなっていることを知った干拓推進派の地元の大人たちは、ふるさと自慢が消えてゆく話になると、ウナギのようにぬるりとすり抜けて石の間に身を隠そうとしているようにも見える。

そんな状況の中、高校生たちが九八年七月、「ウナギのまちをアピールしよう」と研究成果を発表した。長崎県立諫早商業高校の商業クラブがまとめた「ウナギの消費と流通」と題する研究リポートだ。七月十七日、同市内のウナギ料理専門店主らに披露して意見を聞いた。

生徒らがウナギの研究を始めたのは、地元出身の俳優・役所広司さん出演の映画「うなぎ」が話題になったことや、市内に老舗のうなぎ料理専門店があることがきっかけ。九七年九月から街頭やほかの高校で約六百人を対象に「諫早がウナギで有名なことは知っているか」などを調べた。

その結果、「うなぎ料理は二、三カ月に一回しか食べない」という答えが約半数を占めた。「うなぎが名物」と知っている人も六割程度で、若い人は意外と知らなかった。消費拡大のため、うなぎの蒲焼きをはさんだ「ライスバーガー」やグラタン風の料理なども試作した。

「このままでは諫早の名物がすたれるのは時間の問題。業者が結束して、うなぎ料理コンテストなどで町おこしを」という高校生からの提言もあった。

ヤマノカミ

淡水魚の代表的な食材であるウナギやアユは、海と河川の間を行き来する習性をもつ。もっとも最近は養殖ものが増えて川で水揚げされる天然の食材は減っているが、合成洗剤や有害な化学物質に汚染されている心配がない、混じりっけなしの自然の中で育ったウナギなどはやはりうまい。アユは、川の中の石に付着する藻類を食べて成長するわけだから、お天道さまの光が川底に届くような清らかな流れの川の方が成長もいい。

アユは、川で孵《ふ》化した後、海に下り、春先に川をさかのぼる。実態は、川の途中に堰《せき》やダムが造られ、天然遡上がきわめて難しい環境になっている。琵琶湖などで人工孵化で育てられた稚魚を中流か上流に運んで放流。成長したアユを愛好家らがねらったり川に簗場《やなば》と呼ばれる構造物を築いてアユやコイ、ウナギなどを捕まえ、観光資源にもなっている。アユのように注目度が高い魚は保護策が議論になるが、同じように海と川の間を行き来する魚でも貴重な存在なのにあまり話題になっていなかった魚もいる。諫早湾干拓事業ではヤマノカミがそうだ。

名前からしていかつい顔を思い浮かべるが、実際もそうだ。海の魚で高級な刺し身として料理されるオコゼに似ている。焦げ茶色のまだら模様で平均的な体長は雄が一八センチ、雌が一六—一八センチ程度。カジカ科の淡水魚だ。国内では有明海奥部とそこに注ぐ川だけにすむ。中国料理には使われるが、国内では食べる習慣がないらしい。諫早湾沿岸でもヤマノカミの知名度は低い。九州大学農学部の研究者グループが有明海沿いの生息分布や生態を調べて、水槽の中での人工孵化にも成功した。海と川を行き来し、春先に浅い海でカキやタイラギの貝殻などに産卵する習性がある。一月から三月ごろにかけて産卵。一つの卵塊に六千粒余りの卵がある。適当な温度が保たれれば三十日ぐらいで孵化。稚魚はプランクトンなどを食べてしばらく浮遊生活。初夏のころ川をのぼり始め、秋が深まるころ、川を下る。

環境庁がまとめた「日本の絶滅のおそれのある野生生物」（レッドデータブック）で、ムツゴロウと同じ絶滅危惧Ⅱ類の種に挙げられている。九州が太古の昔、中国大陸と陸続きだったことを裏付ける貴重な生き物。だが九七年四月十四日、潮受け堤防の閉め切り工事が行われた結果、ウナギやヤマノカミが湾奥部の河川と海との間を行き来することは難しくなった。

潮止めから一年余り経過した九八年夏に、島原半島の国見高校の先生や生徒らが湾奥部に流れ込む河川の生物調査をした結果、潮受け堤防に近い吾妻町の山田川では五十匹、多良山系側の高来町の境川では五匹見つけたが、諫早市の長田川などでは一、二匹しか確認できなかった。潮止めで数

ヤマノカミ（諫早市、むつごろう水族館で）

が激減する心配があるため諫早市のレジャー施設「干拓の里・むつごろう水族館」に成魚を持ち込んで人工孵化が試みられた。

その結果、九九年二月に人工孵化に成功。九月初めに「むつごろう水族館」を訪れた時は、体長五―六センチになったヤマノカミがカキ殻を入れた水槽で飼育されていた。だが湾奥部の川と海の間を自由に行き来できない環境では、人工孵化して育てた稚魚を放流しても自然に増殖することは難しいという。

ただ、この水族館生まれのヤマノカミは、その後死んでしまった。諫早湾沿いの河川などで分布調査を続けた国見高校の碓井利明教諭(三三)らによると、二〇〇〇年夏に潮受け堤防より内側の調整池に注ぐ高来町の境川や湯江川など五つの川では、ヤマノカミは一匹も確認できなかった。このため佐賀県鹿島市の川で捕獲したヤマノカミを三十匹ほど水族館に提供した。このほかにも海と川を行き来するカニで、食用になるモクズガニの姿も、潮受け堤防より湾奥部の河川では観察できなかったという。

シギ・チドリ

♪青い月夜の　浜辺には　親を探して　鳴く鳥が　波の国から　生まれでる　濡れたつばさの
銀の色
夜鳴く鳥の　悲しさは　親を尋ねて　海こえて　月夜の国へ　消えてゆく　銀のつばさの　浜千鳥

年配のみなさんにはおなじみの童謡「浜千鳥」だ。一九二〇年（大正九年）に作られたという。諫早市中心部では、夕方になると、この曲のミュージックサイレンが響く。市教委によると、いつから流され始め、なぜこの曲が選ばれたのかは分からないそうだが、家路への郷愁を誘うメロディーである。

諫早湾の干潟は、春と秋に東南アジア方面とシベリアやアラスカ方面の間を旅する渡り鳥のシギやチドリ類が国内で最も多く飛来していた。シギやチドリ類が好むゴカイやカニなど底生生物と呼ばれる干潟の生き物が多かったからだ。

日本野鳥の会長崎県支部が、長年にわたってどんな野鳥が湾沿いに生息しているのかまとめた観察記録がある。それによると、百四十種を超える野鳥が諫早湾干潟で観察され、このうち六十種がシギ・チドリ類だった。飛来数が全体で一万羽を超えた日もあった。まさに日本一の干潟。河口部や田んぼでよく見かける、脚が緑青色のアオアシシギの「キョキョーン」という、心にしみる鳴き声も聞くことができた。灰色と白色の斑模様の羽をもつ鳥だ。「浜千鳥」が、どの種を想定した歌なのか知らないが、諫早湾にふさわしいふるさとの歌だという気がする。しかし、湾奥部が閉め切られた後、すっかりその面影が消えてしまった。

潮受け堤防の仮閉め切り前後の野鳥の会同支部の調査では、春の渡りの時期で比較すると、潮受け堤防閉め切り一年前の一九九六年四月六日には、ハマシギ七千二百八羽、ダイゼン六百七十八羽、オオソリハシシギ百九十七羽、ダイシャクシギ二十羽、ホウロクシギ三羽、チュウシャクシギ一羽、メダイチドリ九十五羽など十三種で合計八千二百四十八羽。閉め切り直前の九七年四月六日にはハマシギ千五百羽、ダイゼン五百五十五羽、オオソリハシシギ四百九十五羽、ダイシャクシギ二十四羽など十一種で合計二千六百十五羽だった。

閉め切り後、しばらくは干潟のひび割れなどが目立っていたが、ゴカイやカニは比較的多く生き延びていたため、九七年四月二十八日の観察では、ハマシギ五千五百羽やダイゼン四百八十羽など七種で六千五百八十七羽を記録した。ところが潮流が閉め切られて一年近くが経過。干潟が干からびた九八年三月二十二日には、ハマシギ六羽とダイシャクシギ二羽を観察できただけだったという。

秋の観察でも、九六年十月二十七日にはハマシギ二千羽、ダイゼン五百羽、ダイシャクシギ百十羽など十四種で合計二千七百五十八羽を記録したが、潮止めから約七カ月後の九七年十一月二十三日にはハマシギやダイゼン、ダイシャクシギなど四種類だけ。数をカウントする気力を失わせるほど激減したという。

諫早湾に数多くのシギやチドリ類が飛来していたのは、餌の豊富さと、広大な干潟の潮の干満で人間が近づけず、安心して羽を休めたり餌をとったりできる空間が広がっていたためだ。私の乏しい経験からすると、干潟で野鳥観察を楽しむコツは、潮が引いてシギやチドリたちが潟土《がたつち》に潜むゴカイやカニをねらってせわしく動く時間帯に望遠鏡や超望遠レンズ付きのカメラを構えることだ。

オオソリハシシギ（諫早市沖、97年４月）

もちろん写真撮影では、潮が満ち始める時間帯に、水鳥たちが小魚の群れやカニを追う姿をねらうのもシャッターチャンスだが、相手を脅かすのはよくない。諫早湾の干潟では、シギやチドリ類が餌を探す場所は百メートル近くも離れていることが多かった。近くで観察したり傑作写真をねらったりできるのは、大潮の満潮の時だった。

飛来数が最も多いハマシギは、群れで干潟の上空を移動する時がある。いっせいに飛び立ち波を打つような形で群れ飛ぶ姿は感動的だ。自然のドラマを見ているようで、カメラや望遠鏡を構えていてもみとれてシャッターを押す瞬間を忘れてしまう。

チドリ類は、比較的くちばしが短い種が多いが、シギ類は、捕る餌の種類によって長さや形が異なる。例えば大型のホウロクシギやダイシャクシギは、くちばしが弓なりに曲がっている。穴の中に潜り込んだカニを探して獲物にするには便利な形だ。オオソリハシシギは、くちばしが真っすぐだが、やや上に反っている。ゴカイなどを探している姿をよく見かける。いずれも春には北国で繁殖するために東南アジア方面からの渡りの途中に立ち寄り、秋には巣立った若鳥を連れてくる。

数千キロの長旅では、例えばジャンボ旅客機に給油のための中継地が必要なように、休養と旅のエネルギーの補給基地が欠かせない。かと言って一度にたくさん餌を食べてエネルギーを補給しても、素早く飛べないと、ハヤブサなど猛禽類の餌になることだってある。死の危険とも隣り合わせなのだ。

シギやチドリ類が、渡りの旅を繰り返すのは、北半球は夏場に木の実や昆虫などの餌が豊富になり、子育てしやすいためだろう。同じ地域に一年中いると餌が十分確保できなくなることは素人目からも分かる。種を存続させるには餌を食べ尽くさないように自然のサイクルで「拡大再生産」させる必要があるのだろう。

遠い祖先から本能として受け継いだ渡り鳥たちの旅を永遠に続けて種を存続させるには、旅のエネルギー補給基地を各地に確保する必要がある。シギやチドリ類たちにとって諫早湾の干潟が消失することは、日本の航空便で羽田空港や成田空港がつぶれたのと同じ意味をもつ、と厳しく指摘する環境保護の専門家もいる。

人間の側から考えても、干潟での野鳥たちの役割は重要だ。水鳥がインフルエンザのウイルスを運ぶということも分かっているそうだが、それも「自然の物質循環のサイクル」で一役買っていることの一面ではないだろうか。干潟に生息するカニやゴカイ、二枚貝は有機物を取り込むことで水を浄化する役割を担うということは前に述べたが、カニやゴカイなどをシギやチドリ類が食べてエネルギーに変えることで干潟の汚濁負荷が減ることになる。

またシギやチドリの群れが干潟をにぎやかにする季節は、春と秋の行楽シーズンとも重なる。ことに秋には干潟を一面に赤く染める塩生湿地植物・シチメンソウの紅葉がきれいだった。県外だけではなく外国からもたまに野鳥観察の愛好家らが訪れるほどの魅力があるポイントだった。長崎県は、被爆都市でもあり江戸時代にオランダなどとの貿易の窓口になった長崎のまち、島原半島、佐世保市のテーマパーク・ハウステンボスなどを拠点に観光立県を目指しているが、自然体験学習という新しい流れにはほとんど関心を向けないままだ。

シギ・チドリ類は、諫早湾が閉め切られた後、有明海沿いの佐賀県や福岡県、熊本県の干潟や河口に移動するのではないか、と説明する人もいたが、二〇〇〇年二月十六日に長崎市のホテルで開かれた、農水省の環境モニタリング調査のあり方を検討する「諫早湾地域環境調査委員会」では、一九九九年に有明海沿いの筑後川河口や諫早湾などで観察されたシギ、チドリ類は一二九〇羽だったと報告された。一九八六年以来の調査で最低の数という。九七年と九八年は少し増えていたというが、仮に有明海沿いの諫早湾干潟以外に移動したとしても、餌の量が少なければ飛来数が激減するだろう、と指摘していた野鳥研究者たちの悪い予感が当たったようだ。

クロツラヘラサギ

諫早湾の干潟には、数多くの水鳥たちが飛来していた。遠浅の干潟が広がっていて、餌を捕るにも羽を休めるにしても人間が近づきにくく、安心できたためでもある。餌も豊富だった。数は少なかったが、クロツラヘラサギも冬場にやってきた。私が諫早に住んでいた一九九六年から一九九九

クロツラヘラサギ（福岡市西区、94年２月）

年にかけては毎年のように観察された。トキの仲間で世界に約五百羽しか生息しないという珍鳥だ。英語名はＢｌａｃｋ　Ｆａｃｅｄ　Ｓｐｏｏｎｂｉｌｌ。

冬の渡り鳥で、毎年十一月ごろ飛来して翌年三月から四月ごろ姿を消す。春先になると、雄は首の周囲の一部が黄金色になり冠羽が生える。繁殖時期の「婚姻色」になるのだ。環境庁が作成した「日本の絶滅のおそれのある野生生物」（レッドデータブック）で「絶滅危惧ⅠＡ類」として記載されている。北海道のシマフクロウや鹿児島県奄美大島に生息するオオトラツグミ、沖縄のノグチゲラと同じく絶滅の危機に瀕しているという位置づけだ。

くちばしが長く、しゃもじのような形をしていることや、目の周囲が黒いことが和名の由来になった。全体的に白くサギのよう見えるが、飛ぶ姿を見ると、首がまっすぐ伸びている。シラサギと一般的に呼ばれるコサギなどサギ類は、飛ぶ時に首の形が「Ｓ字」のように曲がっている。そして何よりも違うのは、クロツラヘラサギの餌の捕り方だ。水深の浅い干潟や潮が満ち始める河口部などでくちばしを横に振りながら餌の小魚やエビなどを探す。探しあてると、「ヨイショ」とばかりにくちばしを開けてパクリとのみ込む。

独特の餌の取り方は、望遠鏡で観察しているとユーモラスで面白い。野鳥観察愛好者の人気の的だ。サギ類にも、さまざまな餌の捕り方をする種類がいるが、鋭いくちばしを突き刺すように獲物を捕らえる種類が多いようだ。余談になるが、コサギを観察していると「ドジョウすくい」のようなしぐさで足を動かして物陰に隠れている魚を追い出して捕まえる時もある。またササゴイは、熊本市の水前寺公園で枯れた木枝の切れ端をくちばしで投げ入れて魚をおびき寄せる「擬似餌釣り」の要領で餌を捕ることで有名になった。

クロツラヘラサギは、国内では福岡市西区の瑞梅寺川河口や東区の博多湾・和白干潟にも飛来する。近年は毎冬二十羽を超えることが多い。諫早湾でどんな餌を捕っているのか確認するのは難しかったが、福岡市ではボラの幼魚やエビ、ハゼ、カレイ、「生きた化石」と言われるカブトガニの幼生を食べているのを観察できた。結構「グルメ」なようだ。

台湾や香港、ベトナムでも冬場に観察されるが、いまのところ確認された繁殖地は朝鮮民主主義人民共和国（北朝鮮）の西朝鮮湾の離島と韓国の北緯三八度線に近い島だけだ。北朝鮮の繁殖地から日本に飛来することは、日本野鳥の会と朝鮮大学校（東京都小平市）の研究者、鄭鐘烈《チョンジョンリョル》氏らがつけた標識調査の結果で分かった。

諫早湾では、潮止めの後の九九年二月ごろ、潮受け堤防外側の狭い干潟で餌を捕っているのが観察された。

福岡市では博多湾に広さ四百一ヘクタールの人工島の埋め立て工事が進んでいるが、その影響で和白干潟の環境が変化。渡り鳥が激減したと指摘されている。同市西区の瑞梅寺川河口の干潟は、広さ約八十ヘクタール。和白干潟とほぼ同じだが、こちらも周辺で宅地化が進んでいるほか、近くの丘陵地で九州大学のキャンパス移転計画が進んでおり、開発による環境悪化が懸念されている。

九九年五月に新潟県新穂村の佐渡トキ保護センターで、中国産の親鳥同士の交配で生まれたトキは、日本中の注目を浴びた。環境庁が名前を募集したところ、一万通を超える応募があったという。そして「優優」という名前が付いた。「絶滅寸前のトキよ、もう一度空を羽ばたいて」という思いもあったのだろう。それにしても生き物と共生できる暮らしのあり方を探る試みが、あまりにも遅すぎた。

ズグロカモメ

干潟にはさまざまな種類の水鳥たちが飛来する。渡りの長旅の途中に立ち寄ってしばらく休憩する鳥や、厳しい寒さのため餌がとれなくなる北国からやってくる冬鳥たち。生き物たちの世界で、干潟はまさに「国際交流拠点」だ。

諫早湾奥部の干潟が潮受け堤防仮締め切りで潮止めされる前年の一九九六年十一月末、中国で繁殖したズグロカモメが飛来していたのが確認された。

ズグロカモメは、全長約三二センチ。環境庁が作成した「日本の絶滅のおそれのある野生生物」(レッドデータブック)で「絶滅危惧Ⅱ類」に挙げられている。海岸や河口部でよく見られるユリカモメ(全長四〇センチ前後)よりやや小さい。ユリカモメの場合、くちばしが赤褐色で足がオレンジ色か赤いのに対してズグロカモメの場合、くちばしも足も黒っぽい。なによりも餌の捕り方に特徴がある。潮が引いた干潟の上をゆっくり飛びながら餌を探して、好物のカニを見つけると、舞い下りて捕まえる。諫早湾では泥質干潟に生息するヤマトオサガニが多かったが、これはズグロカモメの好物。ほかに大きなハサミをもつカニのシオマネキを食べているのを見たことがある。ゴカイも餌になる。豊富な餌場があったことや、外敵から身を守る空間が広がっていたことから、潮止め前は冬場に約三百羽を数えたこともある。日本国内で一番飛来数が多かった。

だが潮止めの後、餌が豊富だった「干潟」が日に日に乾燥。飛来羽数は、毎冬激減した。潮止めから一千日余りたった二〇〇〇年一月三十日、日本野鳥の会長崎県支部がズグロカモメの羽数調査をした結果、一羽も確認できなかったという。

潮止め前に、中国で繁殖したズグロカモメが飛来したことが判明したのは、足に標識をつけたのが一羽観察されたからである。一九九六年六月、北九州市と中国の共同調査団が中国・遼寧省双台河口国家級自然保護区の繁殖地で、巣立ち前の幼鳥百十八羽に足輪を、さらにこのうちの九十五羽に赤いプラスチック製の標識をつけた。このうちの一羽が見つかったのだ。しかも見つけたのは、中国の繁殖地に出かけて渡りのルート調査に参加した同市自然史博物館学芸員、武石全慈さんだった。

渡りルート調査は、同市小倉南区の曽根干潟にズグロカモメが数多く飛来することと、曽根干潟沖合の埋め立て地に新北九州空港を建設して一帯を開発しようという計画があることから、基礎調査として始まった。九六年度の調査では、中国で標識を付けたズグロカモメが大分県宇佐市の海岸や徳島市の吉野川河口、愛媛県西条市の加茂川を含めて西日本の五カ所で観察された。

カニをくわえて飛び立つズグロカモメ（諫早市、98年２月）

ズグロカモメは、アジアの極東地域だけに分布する。世界自然保護基金日本委員会（ＷＷＦＪ）が野鳥観察愛好家らに呼びかけて西日本各地で一九九四年冬から九八年冬にかけて生息実態調査を続けてきた。

北九州市が九九年九月初めにまとめたデータによると、中国政府との合同調査で九七年十二月から九八年一月にかけて、中国側が中国中南部海岸で四千七百羽余りを観察。一方、日本国内では九八年二月一日の一斉調査で八百九十羽を数えており、世界で合わせて約五千五百九十羽が生息していることがわかったという。一時期生息数が世界で三千羽程度と言われていたのよりも多いが、それでも野鳥の研究者によると、絶滅の心配がないとは言い切れない数字のようだ。

ズグロカモメは、姿が似たユリカモメが、人間の暮らしの環境に合わせるように身近で生き続けるのとはちょっと異なる。ユリカモメは、平安時代初期の歌人・在原業平らしい人物が主人公とされる「伊勢物語」にも登場する「都鳥」と言われる。「名にし負はば　いざこととはむ都鳥　わが思ふ人はありやなしやと」と詠まれた。「伊勢物語」では「白き鳥の嘴《くちばし》と脚の赤き、鴫《しぎ》の大きさなる、水のうへに遊びつつ魚を食ふ」と描写している。ユリカモメも、河口などを飛びながら干潟のカニを捕まえたり水中に飛び込んで小魚を餌にすることがあるが、最近では「野鳥とのふれあいを」ということでパンの切れ端やお菓子を投げ与える人が増えた。観光地ではカーフェリーや遊覧船の乗客に「えさ投げ」を奨励する船会社もあるほどだ。だが、餌を与えることで繁殖力が強くなり、餌をもらった種だけが増えることで生態系のバランスが損なわれる恐れも指摘されている。

ズグロカモメを観察していると、フワリフワリと干潟の上空を飛びながらも、好物のカニを見つけると急降下して捕まえる。その素早さはまさに猛禽類のようで野性味豊か。干潟に潜むカニをどうやって見つけるのか不思議である。

ズグロカモメは、人工繁殖で注目のトキほど話題になっていないが、日中間の渡り鳥保護の取り組みが地道に進められている鳥の一種だ。だが、長崎県や農林水産省が進める諫早湾干拓事業では、そんなことはお構いなしだ。加えて潮止めで広大な干潟が干陸化した結果、餌のカニなどがほとんど姿を消した。

繰り返しになるが、国内の越冬地となっている西日本の干潟や河口での飛来数一斉調査は、世界自然保護基金日本委員会（ＷＷＦＪ）の花輪伸一・自然保護室次長や北九州市自然史博物館の武石全慈学芸員らが野鳥観察愛好家らに呼びかけて、一九九四年冬から毎年続けられてきた。九四年二月下旬から三月上旬にかけて十七カ所の調査では、全体で九百六十三羽から最大で千三十七羽。このうち諫早湾干潟は二百四十羽で最も多かった。北九州市小倉南区の曽根干潟は二百十三羽。佐賀県東与賀町の大授搦《だいじゅがらみ》干潟が百五十羽余り。九五年一月下旬から二月上旬にかけ、二十二カ所で行われた調査では全体で千八十一羽。うち諫早湾が二百八十三羽、曽根干潟二百十三羽、東与賀町の大授搦干潟二百六羽だった。また熊本県松橋町の八代海では百三羽を記録した。

ところが諫早湾奥部が閉め切られてから一年九カ月余りが経過した九九年一月下旬から二月上旬にかけて実施された調査では、全体で約千五百羽だったが、諫早湾ではわずか十八羽だけ。逆に東与賀町の大授搦干潟で四百六十八羽、同じ有明海沿いにある干潟で、スポーツを楽しむ「ガタリンピック」を開いている佐賀県鹿島市の海岸で二百六十八羽を記録した。曽根干潟は二百四十三羽だった。そして二〇〇〇年冬には、飛来数ゼロになってしまったというわけだ。「日本一の飛来地」が、潮止めから三年たたないうちに消えた。

諫早湾の閉め切りで餌場を失ったズグロカモメたちは、諫早湾に近い佐賀県の干潟に「緊急避難」したことが想像される。この現象は戦争や災害で一度に大量の「難民」が国境を越えて移動したのに似ている。

野鳥の楽園だった「諫早湾干潟」がほとんど消滅したのだから、引っ越した先で餌不足の事態が生じて「旅のエネルギー」が補給できないなど生態系に混乱が起きることは当然予想される。

ツクシガモ

「ジュルッ、ジュルッ」。

潮が引いた干潟の表面に赤いくちばしを這わせるようにして餌をとる。白と栗色、黒っぽい緑色のコントラストがきれいな水鳥が冬場の諫早湾に飛来していた。ツクシガモだ。国内ではめったに

餌を捕るツクシガモ（諫早市沖、97年１月）

観察できないが、諫早湾では冬場にごくふつうに見られていた。

褐色の羽をもつ種類が多いカモの仲間で、目立ちやすい。干潟の冬景色に彩りを添える存在だった。英語名はＣｏｍｍｏｎ Ｓｈｅｌ ｄｕｃｋ。名前からして貝などを餌にしているのかと思われるが、証拠となるものはつかめなかった。一九六六年に初版が発行された『野鳥の事典』によると、諫早湾には「七百—八百羽ぐらいの大群が集まって越冬している」という記述がある。私が観察したのはせいぜい三百羽ぐらいだった。その二倍余りなら壮観できれいだっただろうと思う。

研究者によると、小さな貝やエビ、小魚をすくって食べているらしい。諫早湾には十月末ごろから十一月初めに飛来して越冬する。ヨーロッパから中国の東北地方にかけて繁殖するらしい。紅葉した塩生植物のシチメンソウ群落のそばで羽を休めたり餌を探す光景は、感動するほどきれいだった。

潮止め後、干潟がひからびてしまい、餌場を奪われたツクシガモは、諫早を訪れる数を減らしている。潮止めから一年半余りになった一九九八年秋から九九年春にかけては百羽に満たないほどになった。シギやチドリ類と同じく佐賀県東与賀町大授搦の干潟で、以前よりも多く観察されるようになったらしいが、諫早湾から追われて「難民」になった群れが、そっくり移動したほどの数ではない。どこに安住の地があるのだろうか。

ツクシガモは、環境庁が作成した「日本の絶滅のおそれのある野生生物」（レッドデータブック）に絶滅危惧種として記載されている。希少な種の生物で、晩秋から冬場にかけて干潟を彩る優雅な姿の鳥だから行楽客の話題になるかもしれない。だが、干拓推進論の立場の人々には、そんな心のゆとりや日本古来の自然への愛着はなかったのかもしれない。

ちょっと変わったところでは、諫早湾には野生（?）のフラミンゴがいた。

一九九六年夏に諫早通信局に勤務するようになって間もないころの話だ。渡り鳥の種類や数の多さでは、よそにないほどの魅力がある野鳥観察（バードウォッチング）のポイントと聞いていたが、広大な干潟に日本では動物園でしか見られないフラミンゴがいるなんて、と信じられなかった。

だが、山口県宇部市の公園にすむモモイロペリカンが市内の幼稚園に飛んでくる話もある。私も、そんな話なのかと想像してみた。何度か干潟が見える海岸の堤防に車で出かけているうちに望遠鏡でピンク色の羽のフラミンゴを見つけることができた。写真を撮って図鑑で調べたり動物園の専門家に問い合わせたりした結果、ヨーロッパフラミンゴ（オオフラミンゴ）であることが分かった。同県西彼町にある動物園・長崎バイオパークの飼育担当の方の話では、十年ほど前から諫早湾の干潟に生息している。やはり動物園などから逃げ出したものらしい。干潟では、数年前まで、ひと回り小さいチリーフラミンゴらしい一羽も観察されて二羽いたという。

フラミンゴは、くちばしの部分にプランクトンなどの餌をこし取るフィルターのようなものを持つ。干潟のプランクトンや小エビなどをすくって生き延びたらしい。日本野鳥の会（本部・東京）研究センターでは、フラミンゴが野生化してすみついたケースは珍しいという。九七年四月の潮止め後、ヨーロッパフラミンゴはしばらく観察されない時期もあったが、九八年まで観察された。その後再び姿を見なくなった。

カニ

◉シオマネキ

諫早湾の泥干潟には、片方だけ大きなハサミを動かして存在感を示すカニのシオマネキがいた。満潮時に潮が押し寄せてくるような河口や岸辺近くに巣穴をつくる。大きなハサミは左側に付いているのもいれば右側に付いているのもいる。右左の区別は、なにが原因なのか、何を意味するのか。カニ専門の研究者に聞いたが、よく分からないらしい。ハサミは赤や白が混じっていて見た目にもきれいだ。ハサミを上下に振る姿が潮を招いているように見えることから、この名が付いたと言われる。

諫早湾では、秋に紅葉する塩生湿地植物のシチメンソウの群生地に比較的数多く生息していた。シチメンソウが自生していた場所は、潮止め後も乾燥が進むのが比較的緩やかだったため、九八年夏ごろまで一部で生き延びていた。行動範囲は巣穴から半径数メートルの区域だという話を研究者から聞いたことがある。そう言えば、巣穴の周辺で大きなハサミをからませて争いをしているシオ

シオマネキ（96年10月）

マネキを観察した。環境庁がまとめた「日本の絶滅のおそれのある野生生物」（レッドデータブック）に掲載されている。

ハクセンシオマネキという、名前が似た種類のカニがいるが、こちらはシオマネキと比べるとやや小型。殻は白っぽい。福岡市の博多湾の和白干潟や北九州市小倉南区の曽根干潟、熊本県天草の松島町など砂が混じった干潟に生息する。諫早湾では見かけない。

シオマネキは、希少種のカニだが、湾沿いの一部の地域や佐賀県の有明海沿いでは、珍味の食材として珍重される。塩や香辛料などを混ぜてすり鉢ですりつぶした加工品で、地元では「ガン漬け」と呼ばれる。土産品店などで販売されている。一度だけ佐賀県鹿島市の店で買い込んで試食してみたが、とても辛かったような記憶が残っている。温かいご飯の上に「ガン漬け」をのせて食べると、食欲が出るとのことである。潮止めが近づいた九六年秋ごろのことだったが、佐賀県の有明海沿いに住むという女性が、ガン漬けの材料にするため、諫早湾の干潟に入っていたのを見かけた。

ヤマトオサガニ（98年４月、高来町）

海洋性のカニたちは、潮が満ちてくる時に産卵し、孵化した幼生たちは海で育った後、再び干潟で暮らす習性がある。海水を入れない干拓事業の方針が続く限り、干潟のカニたちは、子孫を残す望みを絶たれたことになる。

◉ヤマトオサガニ

泥干潟で一番目につくカニは、ヤマトオサガニだ。長い二本の目を立ててあたりを見回しながら餌の有機物を含む泥を食べる。ハサミが白く見分けやすい。数も多い。ゴカイなどとともに干潟の水質浄化の役割や多様な生き物が生息する環境に貢献している。

ヤマトオサガニなどの幼生は、魚介類の餌にもなる。干潟とその周辺が「魚たちのゆりかご」と言われるのも、カニやエビなどが豊富な環境であってこそだ。シギやチドリなど渡り鳥たちにとっても、カニやゴカイはエネルギー源となる。干潟の野鳥を観察していてヤマトオサガニと縁が深いと痛感するのは、冬の渡り鳥のズグロカモメだ。

ズグロカモメはゴカイも餌にするが、よく見かけるのは、潮が引いた干潟の上を飛びながら急降下、ヤマトオサガニをパクリと捕まえるシーンだ。諫早湾干潟ではヤマトオサガニよりも大きいシオマネキを捕食したのを観察したことがあるが、よく似たユリカモメと区別するポイントのひとつは、捕食行動の違いだ。ヤマトオサガニはかわいそうだが、たくさん干潟に生息することでさまざまな生き物たちの命を支えることにもつながっている。

ほかにも諫早湾の干潟には、アリアケガニやアシハラガニなどのカニたちが生息していた。アシハラガニは、ヨシ（アシ）群生地などに生息する。潮の干満が繰り返される塩性湿地にすむカニたちは、干拓事業ですみかを奪われる形になった。

ハイガイ

干潟には、生活排水などが流れ込む入り江の水質を浄化する働きがある。潮の干満が繰り返され、酸素が供給されることで汚れのもとになる有機物などがバクテリアで分解されるほか、干潟に生える珪藻が栄養塩を摂取。二枚貝などの底生生物が有機物を取るためだ、と考えられている。砂と泥が混じった干潟にはアサリやバカ貝（アオヤギ）などの貝が生息し、潮干狩りを楽しめる場所もある。ソフトクリームのように軟弱な潟土で覆われていた諫早湾奥部の場合、気軽に貝掘りを、というわけにはいかないが、貝類の豊富さが地元の人々の暮らしを支えていた。代表的な二枚貝は、長円形をしたアゲマキガイ（地元ではアゲマキ）やカキ、ハイガイだ。

ハイガイは、すしのネタや刺し身として使われるアカガイ（赤貝）の仲間で、殻長はアカガイと比べて短く約五センチ。殻を焼いて土壌改良材になる石灰をつくることから名前が付いたとされる。殻の表面に扇状の細い溝の「肋《ろく》」があるのが特徴。アカガイやよく似たサルボウガイと比べると肋の数は少ない。

潮止めから約二カ月が経過した九七年六月十三、十四の両日、ひび割れた干潟に足を踏み入れた。干潟の乾燥が進み、干潟の表面が硬くなっていた。ゴム長靴を履いてぬかるみに注意すれば、旧海岸堤防から沖合二キロ近くの地点まで歩いて行けるほどになっていた。でもちょっと油断すればひざ付近まで埋まってしまい動きがとれなくなる。

専門的な立場から詳しく観察、調査してもらうために、ゴカイやカニなど底生生物を研究している鹿児島大理学部の佐藤正典助教授に同行していただいた。諫早市小野島町の海岸堤防から約二キロ沖合まで歩いた時に、思わず声を上げた。ハイガイやサルボウガイの「死骸の海」が一キロ以上も沖合まで広がっていたのだった。

沖合に白い貝のようなものが大量にあるというのは、望遠鏡での観察で分かっていた。佐藤助教授が諫早湾干潟を訪れたのは、四月末以来のことだ。調整池の水位を標高マイナス一メートルに下げた後、湾奥部が広大に干上がった状態を見るのは初めてだった。潮流があったころは軟らかい潟土で覆われていた場所だ。歩くこと一時間余り。佐藤助教授が驚いたのは、調整池の水際まで目測で一キロ足らずのところだった。白い貝殻が、見渡す限り広がっていた。形からサルボウガイと見ていたが、後で図鑑を見た結果、ハイガイと分かった。「アゲマキ（有明海特産の二枚貝）も少し交じっている。これだけたくさんの貝が死ねば自然の浄化能力も落ちる。水の汚れにもつながる」と佐藤助教授は指摘した。

調整池につながる水たまりの塩分を測ると、二・七八%だった。海水の約三・二%に近い数値だ。アリアケガニやクシテガニなどの巣穴も残っていたが、少し沖に出ると、ヤマトオサガニなどの死骸も点在している。渡り鳥の餌になるゴカイの仲間もほとんど見られなかった。泥を食べる小さなイトゴカイが辛うじて生き延びていた。

ムツゴロウと同じハゼ科で、泥の中にすむワラスボなど合わせて五匹がひび割れのそばで死んでいたが、潮受け堤防の北部排水門がある高来町の湯江川河口付近は、水が流れ込む干潟があり、ムツゴロウやシオマネキなどはまだ生きていた。

ここでは巣穴の表面の塩分濃度は一・〇三%。佐藤助教授は「海水の三分の一ぐらい。意外だ。潟土に含まれる塩分が溶けだしているのだろう」という。

海岸近くに自生して、秋に紅葉する塩生植物シチメンソウはまだ枯れてはいなかった。だが島原半島の吾妻町の南部排水門近くの湾奥部の干潟では、地元の人たちが筆を使って獲る、名物のアナジャコ(シャコの仲間)漁の光景はもう消えていた。

佐藤助教授は「大量の貝の死滅で逆に諫早湾干潟のものすごい生産性の高さの一端を垣間見た感じだ。カニやムツゴロウたちは次の世代を残せない状況だ。海水を入れれば、まだ環境の復元は可能だ」という。さらに、汚れた水が潮受け堤防の外に放流されると、有明海で赤潮が発生する頻度が高くなって漁業への影響も出る、と懸念していた。

潮受け堤防による潮止め後、湾奥部では九州農政局の定期的な水質調査で化学的酸素要求量(COD)やリンなどの値が高くなり、水質が悪化した。専門家や干拓事業見直し運動を続けている住民らから「水質悪化の防止策として(水門を開けて)海水を入れることも検討すべきだ」との声が出た。

ハイガイがいかに諫早湾の水質を浄化するのに貢献してきたかを想像するだけでも、干拓事業の計画策定の過程のずさんさが理解できる。それだけではない。ハイガイは沿岸の人々の暮らしを支えた食材のひとつだった。

生物のすむ環境との共生を目指し、生物の代弁者となって、その権利を守ろうという自然の権利訴訟が一九九六年七月、長崎地方裁判所に提起された。いわゆる「ムツゴロウ裁判」である。干拓事業の見直しを求める湾沿いの住民ら六人がムツゴロウやハマシギ、シオマネキ、ズクロカモメなどの原告の代弁者となって法廷に立った。原告にはハイガイも含まれた。その代弁者になった諫早市栄田町の富永健司さんは、ハイガイが地元の人々の暮らしと結びついていたことを、「自然の権利セミナー報告書作成委員会」が一九九八年一月にまとめた「報告　日本における自然の権利運動」と題する冊子で語っている。

地元ではシシガイと呼ばれ、別に「汚れ貝」と称されている、とした上で「海水と淡水が混じり合う汽水域の泥干潟に生息する、ごく一般的な貝で、有明海では珍しいものではありません。外見はアカガイやサルボウに似ていますが溝の肋が十八条ほどと少なく、殻に荒目の顆粒がありますので、すぐに見分けがつきます。食糧難の戦中、戦後、沿岸域の人々にとっては貴重な食材でした。肉質はやや硬めですが、いまでも殻ごとミソ汁に入れたり、その身を旬の頃のタケノコやワラビと煮込んで食べます。（中略）文献上、有明海には世界でこの海域にだけしかいない種を含め、十六種もの特産種が生息しています。その全部が大陸系の遺留種とされ、太古、日本列島が大陸と浅い海で繋がっていたことを物語るものです。諫早湾には諫早湾固有の生態系が存在すると考えられます。諫早湾に生息するハイガイは、絶滅危惧種のオオシャミセンガイや希少種などとともに湾の生態系を構成しています。この優占種の存在が生態系の維持には不可欠であると考えられます」と記している。

水質浄化の役割を果たしてきた膨大な数の貝たちが死に絶えてしまった。「貝の墓場」は、その後大雨で調整池の水位が上がって貝殻が流されたり、九州農政局が干潟の乾燥を早めるねらいで五メートルおきに幅五十センチの溝を海岸堤防から沖合に向けて掘ったことで、姿を変えた。それでも潮止めから二年余りが経過したころ、沖合まで歩いてみると、乾ききった泥の表面に無数の貝殻が埋もれている場所があちこちにあった。

シチメンソウ

諫早湾の干潟には、毎年十月末から十一月ごろにかけて葉が真っ赤になる植物が自生していた。ことに諫早市小野島町から隣の森山町にかけての旧海岸堤防沿いには延長一キロ余り、最大幅約百メートルの大きな群生地があった。北海道のアッケシソウと同じアカザ科に含まれる塩生湿地植物のシチメンソウである。三月末から四月ごろ芽生えた直後に葉が少し赤くなり、夏場は緑色。晩秋に「紅葉」する。その色が七面鳥に似ていることからシチメンソウと名付けられたという。

だが九七年四月半ばの潮受け堤防の仮閉め切り工事を境に、干潟が干陸化したり、乾燥を早めるための溝掘り作業が農水省の手で進められた結果、自生地は寸断された。雨で沖合に流された種子が発芽して辛うじて生き延びている株が散らばっている程度だ。潮受け堤防の排水門が開放され、

紅葉したシチメンソウ（諫早市沖、99年11月）

潮の干満が復活しない限り、干潟の紅葉を演出してくれる、珍しい植物の群生地が、諫早湾に蘇ることはまずないだろう。

シチメンソウは、泥質で大潮の満潮時に海水をかぶるぐらいの標高の干潟でのみ紅葉すると言われる。塩分にやや強いため、ヨシ（アシ）などの植物が勢力を伸ばそうとしても、うち勝って生き延びることができるのだ。自生地は、アリアケガニや大きなハサミをもつシオマネキのすみかでもある。カニが巣穴を掘った跡があちこちにあった。シチメンソウの自生地は、潮止め後もいくらか水分が確保されていた。カニが穴を掘ることで地中に酸素が供給される「共存共栄」の世界があったようにも思えた。

諫早湾で自生地が広がったのは一九八〇年代後半からだと、地元の人たちに聞いた。晩秋の風物詩としてマスコミの取材でも取り上げられ、見物に訪れる行楽客が多かった。絵画などの題材としてもよく取り上げられた。

群生地は限られており、有明海沿いでは諫早湾のほかには佐賀県東与賀町の大授搦《だいじゅがらみ》干拓地の干潟がよく知られている。東与賀町では、建設省が海岸堤防の耐震性を高めるための工事を一九九五年から進めた時、自生地に影響があったためさらに沖合に自生地に似た条件の環境をつくり出してもらい、冷蔵保存しておいた種子をまいて発芽させた。

諫早湾の場合、一時期はシチメンソウではなくハママツナとして理解されていた。諫早自然保護協会など地元の自然保護団体は、干潟の紅葉が見られる秋に観察会を開いて保護の啓蒙活動を続けた。一九九六年には、旧海岸堤防に同協会が「日本最大の群生地でたいへん貴重な生育地です」と書いた説明板を取り付けよう、と準備し、堤防を管理する長崎県諫早耕地事務所に許可を申請したところ、断られたという出来事があった。

諫早市など湾沿いの自治体も、シチメンソウを保護しようと動いたところはなかった。わずかに長崎市内の高校生たちが部活動でシチメンソウの生態を調べ、大村湾沿いに移植を試みた例があった程度だった。

諫早湾に比べたらずっと規模が小さく、人工的に育てた色合いが強い群生地がある、前述の佐賀県東与賀町では、九六年十二月中旬、町役場職員らが諫早湾の干潟に出かけてシチメンソウの種子を採取した。潮止めされたらシチメンソウが枯れることを予測。町内産だけでなく諫早湾の種子も冷蔵保存しておいて将来種まきし、観光名所づくりに役立てよう、と考えてのことだった。「地域にある資源をいかして自慢できるふるさとづくりをしよう」と知恵を出して努力する地域と、公共事業に依存しようというところの違いをはっきり見せつけられた思いだ。

ロシアのシベリア地方などから飛来するツルの越冬地としては、国内では鹿児島県の出水《いずみ》平野と山口県の八代盆地が知られているが、諫早市と森山町にかけての諫早平野にも、ナベヅル数羽が越冬することがある。時折マナヅルの群れも飛来する。いったいどんな場所を移動するのか——気まぐれでやってくるのか、それとも餌場や休息地として魅力があって越冬地として定着する可能性があるのか。観察した時に、そんな疑問を抱いていたが、佐世保市に住む日本野鳥の会長崎県支部長、鴨川誠さん(六五)が調査を続けた結果、標識を付けたマナヅルが諫早と出水の間を行き来していることが分かったという。

「渡りの逆行」として話題になったが、出水平野では最近、一万羽を超すツルが越冬して過密ぶりが問題にもなっている。病気が流行した場合、ナベヅルやマナヅルの種の存続にも影響する心配がある。このため越冬地を分散させる必要性を説く専門家もいる。「分散論」がニュースになったのは十数年前。韓国を含む移転候補地が挙がったものの、実現はなかなか難しい。諫早平野は、ツルの越冬には条件が整っていたが、広大な干潟が消えたことでツルが安心して羽を休められる空間が狭くなった。

二〇〇一年一月初め、私は諫早平野でマナヅル二十羽余り、ナベヅル十羽を観察した。春先の北帰行の季節にはまだ早い。撮影した写真を引き伸ばしてみると、緑色のリングの標識を付けたマナヅルが一羽いた。鴨川さんの話では、出水で装着したリングの可能性が高いという。

鴨川さんが、出水平野で越冬中のツルが諫早平野に飛来しているのを初めて確かめたのは一九九二年十月のことだった。同月二十四日、諫早市小野島町の干潟でマナヅル七羽、ナベヅル九羽を観

マナヅル（森山町、2001年１月）

察した。この時マナヅルの一羽の左足にプラスチック製の黄色い番号標識のリングが付けてあった。出水市に住む鹿児島県ツル保護会監視員の又野末春さんに問い合わせた結果、二十二日に同じマナヅルが出水平野にいたことが分かった。さらにこのマナヅルは二十五日に再び出水に戻ったという（同年十月三十日付朝日新聞）。

シベリア方面と出水を結ぶツルの渡りのルートを、出水から北へ帰る前に、ツルの背中に小型の電波発信機を装着して人工衛星を利用して追跡する方法で、日本野鳥の会が調査したことがある。九二年二月に、ナベヅル二羽とマナヅル四羽にそれぞれ重さ約五〇グラムの送信機を装着して移動する位置のデータを、気象衛星ノア経由で五月下旬にかけて収集した。その結果、マナヅルは朝鮮半島の北緯三八度線付近の平野部を通って朝鮮民主主義人民共和国（北朝鮮）の東海岸沿いを北上。中国東北部の繁殖地に到着した。またナベヅルは朝鮮半島を経由して内陸部を北上し、ロシアのハバロフスク付近からアムール川沿いに飛んだ後、オホーツク海付近に達したという（九二年六月十日付朝日新聞）。

このルートから推測すると、長崎県の島原半島や熊本県天草地方は通過コースにあたり、諫早平野には「途中下車」しても不思議ではない。ちなみに福岡市内でも時々、ツルの群れが渡りの時期に上空を飛んで行くのを観察できる。舞い下りて羽を休めることもある。観察していると、刈り取りが終わった田んぼや河口の干潟などでくちばしを突っ込むようにして餌を探している。

山階鳥類研究所（千葉県我孫子市）の標識調査室によると、諫早平野では、ツルは水田地帯で餌をとったり人が近づきにくい干潟で羽を休めたりしていたが、干拓事業で干潟が消えたため、ツルにとっては生息環境が悪くなったという。

環境庁が作成した「日本の絶滅のおそれのある野生生物」（レッドデータブック）に記載されている生き物で、閉め切られた諫早湾干潟とその後背地で観察された主なものを挙げると次のような種がある。

【鳥類】〈絶滅危惧ⅠA類〉クロツラヘラサギ　〈絶滅危惧ⅠB類〉ツクシガモ、セイタカシギ　〈絶滅危惧Ⅱ類〉コアジサシ、ナベヅル、ホウロクシギ、ズグロカモメ　〈準絶滅危惧〉チュウサギ、ミサゴ

【汽水・淡水魚類】〈絶滅危惧Ⅱ類〉ムツゴロウ、ヤマノカミ、メダカ

【甲殻類】〈準絶滅危惧〉シオマネキ

【植物】〈絶滅危惧Ⅱ類〉シチメンソウ

第5章 事業のための事業

肥大化する事業

「考えることをやめた」官僚

一九九〇年代は、世界の歴史の流れが大きく転換した時期だ。世界史上初めて誕生した社会主義国家・ソビエト連邦が崩壊したのは、一九九一年末だった。一九一七年のロシア革命以来続いていた社会主義経済体制が、資本主義に変わっていった。市場原理をうまく導入できなかったことや軍需産業優先だったこと、革命以前が帝政だったため自由な発想ができる民主主義が育っていなかったなどさまざまな指摘がある。しかしながら根底でその社会主義体制を揺るがしたのは、東欧での変革、東西ドイツの統一で、通信衛星などによる情報が宇宙から国の壁を破ったためと言われる。

インターネットなどコンピューターでの情報処理や通信技術、それに遺伝子操作の技術などが世界を大きく変え、さまざまな課題も指摘された。インターネットの通信技術は、アメリカの軍事技術の研究の過程で生まれたと言われている。

国際政治の面ではアメリカとソ連という二極が対立する冷戦が終わりを告げた。環境の面でも、地球温暖化やダイオキシン類など内分泌かく乱化学物質（環境ホルモン）の健康への影響が問題になった。国内的には行財政改革が大きな課題とされ、二〇〇一年には大規模な中央省庁再編が実現することになった。

この改革議論の中で、官僚主導型の政治を見直すことが課題とされた。景気対策として有効な手段とされた公共土木事業も、国債（借金）乱発で国の財政が悪化する傾向が強まり、長期間計画が放置されたままのダム計画など、無駄な事業を見直す動きが出始めた。

農林水産省は二〇〇〇年八月、自民党から公共事業見直し論が出たのをきっかけに島根県の中海干拓事業を中止する方針を決めたが、諫早湾干拓事業について見直す姿勢は、二十一世紀に入って間もない現在まで見せていない。

二〇〇一年の中央省庁の再編でも農林水産省という名前が生き残ることになったが、その名前からすれば諫早湾干拓事業での対応はちぐはぐなことが多すぎる。農業や水産業の振興策をまじめに考えているというよりも、土木建設業界と癒着しているのではないかという疑いを打ち消せないほど事業への執着心が強い。減反政策、働き手の高齢化、農産物輸入自由化など耕作放棄地が増えたりする中で、新たに農地を造成するという。しかも何を作ったら農業で暮らしていけるのか、入植者を確保するあてもはっきりしない。事業の途中で周辺地域の漁業への影響が計り知れないほど出始めたのにもかかわらず、「影響があるかどうか分からない」という立場を取り続けた。

その背景にあるのが、農作業を機械で効率化したり水利施設を造ったりする圃《ほ》場整備事業や干拓事業を受け持つ構造改善局（二〇〇一年一月、農村振興局に改称）という部署の権力だと指摘されている。農業土木技官と呼ばれる技術系の官僚たちで、全国の土地改良事業の組織とつながっている。農産物の輸入自由化で、棚田などがある山間部の地域は農業を担う人々が高齢化し荒れ地が目立つが、地域によっては農家負担が求められる圃場整備が「農村の活性化事業」として続けられている。

税金を効果的に投入して地域の暮らしを支えることが公共事業の原点だが、「考えることをやめた」官僚による「公共事業支配」がなぜまかり通るのか。太平洋戦争後に大きな制度改革を経験して半世紀余り経過したのにもかかわらず、幅広い民意とはかけ離れた開発事業があちこちで「待った」がかからない実態がある。政治も「暴走」を止められないのだろうか、と思う。

膨らむ事業費

九九年三月に潮受け堤防が完成し、中央干拓地を造成するための内部堤防の工事が同年二月に着工した。当時、事業の完成目標は二〇〇〇年度とされていた。現場を預かる九州農政局諫早湾干拓事務所は「厳しい見通しだが、内部堤防の予定地でまだ水に浸かった個所も含めて工事を進めるのに問題はない」と言っていた。ところが金子原二郎知事は、九九年九月二十一日に開かれた長崎県議会で、諫早湾干拓事業について完成は二〇〇六年度になる見通しで総事業費は百二十億円膨らんで約二千四百九十億円になるとの見通しを明らかにした。

報道によると、九州農政局諫早湾干拓事務所は「潮受け堤防工事が三月末に終了した後、調査した結果、軟弱な地盤の改良に時間や費用がかかることが分かったため」と説明している。この結果、干拓事業の対費用効果は一九八六年度に事業を始めたころ、一・〇三だったのが、一・〇一になる計算だという。費用対効果は、つぎこんだお金に対してどれだけの経済効果が生まれるかを計算したものだ。干拓事業の場合、干拓事業で造成される農地で作られる農産品の生産額と防災の効果を金額で表したものの合計を事業費で除した数値が目安になる。一以下だと無駄な事業という評価になる。

この結果、二〇〇一年度には、農水省の内部ではあるが、事業の費用対効果などについて再評価が検討されることが確実になった。仮に事業を見直すとしてもどんな内容になるのか、予測はつかない。台所などから排出される有機物を餌にして水質をきれいにする役割がある二枚貝やカニ、ゴカイなどがいた干潟が消滅したことによる損失は、費用対効果を検討する上で計算に入れるのだろうか。干潟が消えたことによって生活排水を処理する下水道施設を早期に整備することが必要になっていることは計算には入っていないだろう。

干拓事業を進める農林水産省は、出先機関として熊本市に九州農政局を、諫早市に同農政局諫早湾干拓事務所を置いている。現場作業を諫早湾干拓事務所が担当。所長は農林技官が務めている。事務所は現場作業を担当する、いわゆる技術スタッフの集まりだ。長崎県の窓口は農林部諫早湾干拓室、諫早市には農林水産部の中に「干拓推進室」があり、事業推進を支えてきた。県諫早湾干拓室には農水省から出向した職員がおり、連絡調整の役割を担う。潮止め前後には諫早市にも出向の職員がいた。このほか諫早の隣町の森山町にも、一時期農業集落排水事業（農村の「下水道」）の指導目的で若い技術職員が派遣されていた。待遇は町助役並みの理事という扱い。派遣された職員らは地元の情報を収集、時にはにらみを利かせる役割を担っていた。

地元での報道機関の取材窓口は、公式には主に諫早湾干拓事務所の次長か調査設計課長という立場の人たちに限定されていた。彼らも取材記者と同様に転勤族で単身赴任のケースもあった。

人間は時に、自分に都合の悪い情報は過小評価して前に突き進もうとする傾向がある。遅滞なく事業を進めるためだ。諫早湾干拓事業は、戦後間もない時期に発想されたが、今となっては時代背景が大きく変わってきた。にもかかわらず公的な事業目的を巧みに変更して実現に向かって進められた。当初の目的の食糧増産から、防災、農業振興のための平坦で広大な「優良農地」の確保になった。だが、二十一世紀に向けて重要なキーワードとされる「自然環境」の文字は、発想の中では軽視されてきた。

換算できぬ資源――別の選択肢はないのか

繰り返しになるが、広大な干潟の役割を経済学的にざっと考えてみよう。まずは魚介類の産卵場で稚魚が育つ「ゆりかご」になっていた。諫早湾奥部はカキなどの二枚貝の漁が続けられ、ボラやハゼグチ、スズキなどが水揚げされていた。ノリの養殖場もあった。稚魚は地元で水揚げされても大した金額にはならないが、外洋に出たら大きな資源だ。

漁業資源を生み出すばかりではなかった。二枚貝やゴカイ、カニなどの底生生物は生活排水などで汚れた水を浄化する働きがある。干潟は、天然の「下水処理場」でもあった。お金に換算するのは難しいが、ムツゴロウやカニが生息し数多くの渡り鳥が飛来する干潟の風景は、訪れる人々の心を和ませていた。

事業目的は、防災と優良農地造成とされる。事業効果を予測する場合、①高潮と洪水による住宅の浸水被害をどれだけ防止する効果があるかと、②新たに造成される農地で生産される農畜産物の予想生産高を合わせればよい。

これを仮に、干拓事業を潟土《がたつち》の堆積による排水不良に悩む旧干拓地沖合の一部に限定して干陸化

干陸化が進み菜の花が咲いた（諫早市、99年３月）

する「地先《ちさき》干拓」に変更し、高潮災害などに備えるために旧海岸堤防を海抜四・五メートルから七メートルにかさ上げするやり方に変えていればどうなっただろうか。

漁港設備を整備するなど地域振興策を進めることも必要だが、地域への経済的効果としては、①漁業生産額、②干潟の浄化能力を下水処理場建設費に換算した額、③自然環境を教育や観光に利用した場合の「落ちる金」などが挙げられる。

干拓事業をこのまま続けた場合、総事業費は二千四百九十億円ということだったが、潮流を復活させた場合、除塩などにさらに手間と費用がかる。下水道はいずれ整備する必要があるだろうが、調整池の水質を保全するために諫早市などは、事業が完成するのと時期を合わせて下水道を整備する必要に迫られている。その費用も余分に要る。潮受け堤防を築かずに海岸堤防のかさ上げと地先干拓を進めた場合の費用を試算して、どちらが少ない投資で大きな効果が得られるのか比較、検討したデータが農水省側から情報公開された話は聞いていない。

潮受け堤防が完成した現段階では、干潟再生を求める住民運動を進めている人々の主張のように、潮受け堤防の水門の数を増やして海水を入れた場合、環境がどうなるかとか、干拓地の造成規模を縮小した場合、農地の払い下げ価格がどうなるのか、試算データをもとに選択肢を示して自らの判断の論拠を明らかにすべきだ。これまでの事業の経過では素人目からしても「事実のねじ曲げ」が目立った。

九〇年代の日本経済は、バブル経済の崩壊から立ち直るために、もがき続けた企業が目立った。中には立ち直れずに倒産したり身売りした大手企業もあった。ゴルフ場とホテル建設などを組み合わせたリゾート開発計画が「地域振興の魔法」みたいにあちこちで出現したバブル時代のつけが回ってきた。バブル経済が崩壊し、買いあさって二束三文になった土地や不良債権をいかに処理して立ち直るかにきゅうきゅうとした企業も、銀行や百貨店、大手ゼネコンもしかりだった。

一九九九年から二〇〇〇年にかけては、銀行の再建のために公的資金、つまり税金が投入され、批判の世論が高まった。諫早湾干拓事業の潮受け堤防工事などを受注した土木建設会社の中にも、経営危機が明らかになった企業が含まれていた。干拓事業の問題点が浮き彫りにされる中で、入植を希望する農家も少なく、排水不良の解消など防災効果が実証されなかったら、諫早湾干拓事業は「ゼネコン救済のための公共事業ではなかったのか」という責任追及を逃れることができないだろう。

縄張り

計画変更への疑念

諫早湾の干拓事業の目的は、戦後の食糧増産から長崎県南部地域の水資源確保などに名前を変え、しまいには高潮の被害防止や洪水調整という防災目的と農地造成をねらいにしたものになったが、農水省が着工した後、同じ国の機関である建設省（二〇〇一年一月から国土交通省）から問題点を指摘されて、排水門の位置を変えるなど重大な設計変更をした。事業効果に疑念を抱かせる工事経過だった。

湾奥部から約五キロ沖合に、長さ七千五十メートルにわたって築かれた潮受け堤防。その一部に設ける排水門の長さと位置が設計変更されたのだった。

佐賀県などの漁民を含めた漁業補償が済んだ後、一九八九年に干拓事業の起工式があったが、一九九一年一月、排水門の位置を島原半島の南部だけでなく高来町側の北部にも設けることが明らかになった。

当初の設計案では、潮受け堤防の排水門は吾妻町側に幅二百メートルの一カ所を設けることに

排水門（潮止め前。97年３月）

なっていた。ところが、変更後の設計では、吾妻町側は幅五十メートルに縮小、代わりに高来町側に幅二百メートルの排水門を設けることになった。

当時の記録によれば、九州農政局諫早湾干拓事務所は、①諫早市を流れる本明川が洪水などで水量が増えた場合に備え、水の流れを南側へ迂回させず直線的に流すのが合理的という建設省側の希望があった、②小長井町漁協から、北側の堤防外にも川水の流れ込みが欲しいとの要望にこたえた、としている。設計が変更された結果、環境影響評価（アセスメント）もやり直すことになった。

排水門の数は、変更された後でも、八基合わせて二百五十メートルの幅だけ。幅が五十メートルだけ広くなったのと南北に分けられた分だけ、調整池の水を湾口部に放流しやすくなった計算になる。それでも、調整池が閉鎖的な水域になることは否めない事実だった。諫早市などの湾沿いの地域では、潮止め前は下水道の普及率が低く、生活排水に含まれる窒素やリンなどが河川に流れ込むことによって湾奥部の水域の富栄養化が進み、水質が悪化することが心配されていた。

閉め切られた後の調整池は、行政上の扱いは「海」のままだが、淡水化が進み事業が完了したら「湖」として扱われることになりそうである。このため環境アセスメントでは、調整池の水質について湖沼水質保全特別措置法（湖沼法）の環境基準を保全目標値として掲げた。一九九一年八月の環境影響評価書（要約版）によると、化学的酸素要求量（COD）が五ppm以下、窒素が一ppm以下、リンは〇・一ppm以下としていた。アセスメントでは、工事途中の水質悪化への対応策についてはほとんどふれていなかった。

「諫早湖」

湖沼法は、琵琶湖や霞ケ浦、印旛沼など水の入れ替わりが少ない閉鎖水域である湖に生活排水が流れ込んで水質が悪化しているのを改善する狙いで、一九八四年に制定された。窒素やリンを多く含む生活排水の流入で、中には富栄養化してアオコが発生している湖もある。このため下水道事業では窒素やリン分をより多く除去する高度処理施設が必要となる。国の干拓事業で児島湾を閉め切ってできた岡山県の児島湖では、富栄養化が進んだ結果、アオコが発生するようになった。湖底にヘドロがたまったため浚渫《しゅんせつ》を続けているという。

諫早湾干拓事業では、児島湖と同じく湾奥部を閉め切った調整池が生まれた。計画通りだと、広さは千七百十ヘクタール。大ウナギがすむことで知られる鹿児島県の池田湖よりも広くなり、九州最大の湖沼になる計算だ。「諫早湖」とでも名付けられるのだろうか。

水質悪化の懸念について、建設省九州地方建設局は「下水道終末処理場で窒素やリン分を除去するための高度処理をしないと水質が悪化する」と指摘していた。同じ国の行政機関でありながら防災や環境保全への対応が異なるのは、やはり「役所の縄張り争い」が原因らしい。

防災の面では、諫早市街地を流れている一級河川の本明川とどう向き合うかが、そこに住む人々にとってはいちばん大切なのだが、農水省が潮受け堤防を築いた後、堤防より湾奥部の水域（調整池）の水位を、排水門の操作によってふだんは海抜マイナス一メートルに保つようにすることによって防災効果が発揮されると説明していた。だが一九九九年七月の大雨の時、諫早市内のあちこちで浸水被害が出て、市民に避難勧告が出された。河川の管理は、やはり建設省の担当なのだ。市や県にももちろん責任がある。

建設省が農水省の事業計画に注文を付けたのは、もちろん善意だけからではない。背景には役所の縄張り争いがある。河川を管理する立場から考えると、調整池や本明川の水質が悪化すればまずいというわけである。防災事業では建設省の方が、専門家がそろっているという自負もあるのだろう。

建設省の計画で、諫早湾干拓にもおおいに関係する事業としては、本明川ダムの構想がある。市中心部を流れる本明川上流の渓谷沿いに、洪水調整と水資源確保を目指して有効貯水量八百三十万トンのダムを建設しようというプロジェクトだ。まだ構想の段階だが、一九九六年に九州地方建設局長崎工事事務所がまとめた動植物の分布調査では、環境庁が作成した「日本の絶滅のおそれのある野生生物」（レッドデータブック）に掲載された野鳥のハヤブサやミゾゴイ、有明海沿い特産の魚類アリアケギバチがダム計画地一帯に生息していることが分かった。

暴かれる欺瞞

〈ラムサール〉届出文書の驚くべき「ミス」

歴史上の年代を言い表す場合、西暦はキリストが誕生したとされる年を元年（紀元）として数えることはよく知られている。実際にはイエス・キリストは紀元ゼロ年よりも五、六年早く生まれていたとされるが、それはともかくとして学校で歴史を勉強した人なら紀元前を言い表す場合、「B・C（Ｂｅｆｏｒｅ Ｃｈｒｉｓｔ）」、紀元以降は「Ａ・Ｄ（Ａｎｎｏ Ｄｏｍｉｎｉ＝ラテン語）」という記号を使うことを知っている人も多いと思う。ところが一九九七年七月初めに、農水省構造改善局が長崎県諫早湾の干拓事業について、渡り鳥の生息地の湿地保護を取り決めた「ラムサール条約」の事務局（スイス）に説明するために届けた文書に、諫早湾で干拓が始まった年代を「B・C（紀元前）六〇〇年」と間違えたり諫早湾干潟が有明海全体に占める割合を少なく表記したりしている個所があることが、住民団体の調べなどで分かった。国際機関に届ける文書にこんなミスが見逃されるとは、驚きだった。

この文書は、「諫早湾干拓についての情報」と題する英文で五ページにわたって綴られていた。

干拓事業が生産性の高い農地造成と防災を目的にしている点や環境を守りながらどうやって事業を進めているかを説明した内容だ。長崎県や地域住民らの強い要望で一九八六年に干拓事業を始めたとした後、「干拓は地域の人々によってB・C（紀元前）六〇〇年から行われている」と記している。諫早市によると、諫早湾沿いの干拓は一番古い記録で十四世紀前半の鎌倉時代とされており、大きな年代の開きがある。

また環境保全策については「潮受け堤防の前面に干潟を再生させる研究を進めている。佐賀県沿岸では年に約四十ヘクタールの干潟が発達しているという研究もある。諫早湾の約三分の一が閉め切られるが、残りは手をつけない。有明海全体の干潟（二万七百ヘクタール）の七％が消失するだけだ」と説明。ムツゴロウへの影響については「主な生息地である佐賀県の農林水産統計では最近捕獲数が増加しているとされる。人工孵化の技術も確立されており、絶滅することはない」としている。ラムサール条約事務局が関心を寄せる野鳥への影響については、一九九一年から標識や小型発信器をつけて追跡調査をした、と記述しているだけだった。

この文書は、九七年四月の潮止めの後、干潟の消失によって生態系が大きく変化し渡り鳥などへの影響が深刻になるという干拓事業見直し論議の高まりの中で用意された。干拓が始まった年代についてはだれもがミスと分かるはずだが、問題はミスにも気づかなかった点だろう。

干拓事業の見直しを求める住民運動を続けている「諫早干潟緊急救済本部」の山下弘文代表らは「干拓が紀元前に始まったというのはおかしな話だ。諫早湾干潟の広さは、農水省の環境影響評価（アセスメント）書に二千九百ヘクタールで有明海全体の一〇・七％と明記している。開発で消失した干潟もあり、一九九一年時点の計算では一一・六％になる。有明海でも熊本県側と諫早湾では干潟の質が異なり底生生物の豊富さも違う。干潟の発達も佐賀県と諫早湾では同じではない。野鳥も他の地域にたくさん移動していないはずだ。実情をよく調べていない情報で、誤解を招く。正確に伝えるべきだ」と指摘した。

農水省構造改善局資源課では「有明海では推古天皇のころ干拓が始まったとされ、B・CはA・Dのミス。タイプのミスでラムサール条約事務局に訂正を連絡する。佐賀県沿岸での干潟の発達の数字は、一九五七年から二十六年間で千二十八ヘクタール増えたという調査からだ。諫早湾干潟の広さは、九一年の環境庁調査報告に基づく千五百五十ヘクタール。こちらが権威があると判断した」と釈明した。

過小評価

諫早湾干拓事業についての農水省情報の主な論点と見直し派の反論は、次のような内容だった。

①「干拓地での農業」

農水省……山地が多く優良農地が少ない長崎県で生産性の高い農地を造成するのが事業目的のひとつ。野菜農家の場合、一ヘクタールの栽培面積を三ヘクタールに拡大できる。農家所得の向上は地域経済と県の振興になる。また国家的な食糧安保の面からも大規模で生産性の高い農業で食糧自給率を高めることが重要だ。

長崎大経済学部の宮入興一教授（財政学）……いまの時点での農地分譲価格は十アール当たり百十万円とされる。二ヘクタール確保するのに二千二百万円の資金が必要。利息を計算すればもっと膨らむ。採算に見合う作物は見つからない。野菜を作るにしても排水が悪い。県はリース方式を検討しているが、県民の負担が増え、定着する農家がいるか疑問。食糧自給率が低下したのは農地の不足ではなくアメリカ型の農業を導入した農政が失敗したため。環境を保全し風土に合った複合的農業の再生が必要だ。

（筆者注・農地の払い下げ試算価格は、その後、長崎県が条例を改正して県負担分を増やして農家負担を軽減することになり、十アール当たり七十万円程度となった）

②干潟の消失

農水省……諫早湾の約三分の一を閉め切り、残りは手をつけない。潮受け堤防の前面で干潟再生の研究中。隣の佐賀県沿岸では年間約四十ヘクタール発達している。これは航空写真による調査で一九五七年から二十六年間で千二十八ヘクタール増えたのをもとにした計算からだ。消失する諫早湾の干潟の広さは、有明海全体の七％にすぎない。

底生生物に詳しい鹿児島大理学部の佐藤正典助教授……環境アセスメントでは諫早湾の干潟は二千九百ヘクタールで有明海全体の一〇・七％と記している。その後の開発で消失した分もあり、一九九一年時点では一一・六％だ。なぜ自前のデータを使わないのか。筑後川河口の堰ができた後、干潟の成長が鈍ったと聞く。同じ有明海でも熊本県側は砂質の干潟が多いのに比べ諫早湾は泥質。底生生物も豊富で固有種が多い。魚介類の生産性も高い。生物の多様性を重要視すれば七％では済まされない。

③野鳥への影響

農水省……有明海に生息する野鳥への影響について、一九九一年から標識や発信器をつけて移動ルートの調査をした。チドリ類のダイゼンなどが熊本県荒尾市などの干潟と諫早湾の間を移動していた。

世界自然保護基金日本委員会（ＷＷＦＪ）自然保護室の花輪伸一次長……九七年八月半ばから九月初めにかけて野鳥の会長崎県支部やＷＷＦが実施したシギやチドリの調査では、前年同期と比べて飛来数はポイントによって三分の一から二分の一だった。餌のゴカイやカニが激減。渡り鳥のエネルギー補給が困難になった。飛行機に例えれば成田空港が突然閉鎖されたようなもの。短期的には別のところに移動するかもしれないが、長い目で見ると種の存続の危機も。国際的な条約に違反する。有明海での鳥の移動調査はサンプルが少なく、数多くが移動するとは言えない。

以上の論議は、九七年十月二十八日付の朝日新聞の記事をもとにしてまとめた。

シチメンソウをハママツナと間違える

このほかにも貴重な植物の名前を間違い、保護策でも建設省との立場の違いを際だたせるできごとがあった。諫早市小野島町沖合に潮流が押し寄せていたころ、干潟には塩生湿地植物のシチメンソウが群生し、晩秋から初冬にかけて赤く色づく「海の紅葉」の光景が見事だった。渡り鳥のダイシャクシギやハマシギの群れも越冬するのが見られ、自然観察の愛好者には魅力的なポイントだった。俳句や絵画の題材にもなった。だが、干拓事業で「干潟」は干陸化し、乾燥を促進させるための溝が無数に掘られたり内部堤防建設のための工事用道路が造られて、九八年秋には訪れる人もまばらになるほど環境が変わってしまった。

枯れかけたシチメンソウに水やりをする人々（97年5月）

シチメンソウは、日本自然保護協会などが作成した「レッドデータブック」で絶滅危惧種とされる。だが農水省にはシチメンソウの群生地を保護しようという姿勢はほとんど感じられなかった。

潮止めの前年の一九九六年秋のことだった。島原半島・吾妻町平江名の潮受け堤防そばの干潟に紅葉している野草があり、シチメンソウではないか、と九州農政局諫早湾干拓事務所に問い合わせた。取材に対して干拓事務所側は、吾妻町から約八キロ離れた諫早市小野島町沖の干潟から種子を取って「生育試験」をしていることは認めたが、シチメンソウではなく、よく似たハママツナだと説明した。ハママツナは、粒子の細かい泥干潟ではなく砂礫などが混じった干潟に自生する。小野島町沖合のシチメンソウ群生地も以前はハママツナと見る記録があった。

潮止め前、シチメンソウの自生地は消滅する運命にあると見られていた。潮止め後、種子が大雨で沖合に流れ、少しずつ分布を広げていったが、潮流が遮断されたせいか群生地は二年余り経過した後一部が残っていたものの色づきはよくなかった。

干拓事務所が「ハママツナ」として育てていたのは、潮受け堤防の内側で、堤防を築く時に掘った海底の潟土を捨てた場所だ。九四年二月に小野島町の自生地で採取した種子を約八百平方メートルにまいて観察を続けたが、二〇〇〇年秋には見る影もないほどになった。

有明海北部の佐賀県東与賀町の大授搦《だいじゅがらみ》干拓地沖合にも群生地があり、こちらは行楽客を積極的に受け入れるような環境整備が進められていることはすでに紹介した。干潟にはシギ・チドリ類やズグロカモメなどの渡り鳥が飛来する。阪神大震災の後、建設省筑後川工事事務所が、高さ七メートルの海岸堤防の耐震性を高めるというねらいで一九九五年度から延長一・六キロにわたって堤防の前面に幅五十メートルの盛り土をする工事を進めた。群生地にも影響があることがわかったため、群生地を移すことになった。九六年十二月中旬には移転先にまく種子を確保するために、東与賀町の職員らが諫早市小野島町の干潟に出向いて、枯れかけたシチメンソウの種子を採取しているのを見かけた。種子を冷蔵庫に保管しておくのだという。「珍しい植物で観光資源になる」という町の方針に建設省も協力的だった。

この時、九州農政局諫早湾干拓事務所に、保護策を取らないのか聞いたところ「シチメンソウではなくハママツナと理解している」という答えが返ってきたのだった。潮受け堤防の付け根付近に小野島町沖合で採取した種子をまいて育てていた点については「珍しい植物なのでどのような条件の所で育つか、見るためだ」という説明だった。

ところがその後、干拓事務所側はハママツナではなくシチメンソウであることを認めた。そして「ギロチン」と呼ばれる潮受け堤防の潮止め工事が九七年四月十四日に終わり、干潟保護論議が全国的に高まり国会議員らが視察に訪れるようになってからは、シチメンソウの種子をプランターにまいて育てていることを積極的にPRし始めた。

当時、諫早自然保護協会会長を務めていた長崎大教育学部の陣野信孝助教授（植物生理学）は、「小野島町沖の干潟は、日本最大のシチメンソウ群生地。ハママツナはないはず。シチメンソウは泥質の干潟に自生するのに対してハママツナは砂礫地に生える。レッドデータブックにものっている植物なので保護策を考えてほしい」と強調していた。

狂言騒ぎ

潮止め工事が、全国的な議論になりかけていた一九九六年末、長崎県の森山町に出向していた農水省の職員が、「地元民」を名乗ってパソコンのインターネットを利用して干拓推進論をアピールするという「騒ぎ」があった。

地元民を名乗って事業推進をPRしたのは、当時長崎県森山町役場に、農業集落排水事業（農村の下水道）整備の手伝いをするため幹部として出向していた農林水産省の三十歳代の職員だった。大手パソコン通信ネットワーク内に市民団体が開設した「フォーラム」（公開討論会）に、地元住民と称して諫早湾干拓事業推進のメッセージを送っていたことが分かった。同省が進めている事業への応援メッセージだった。見直しを求める訴訟を起こしている住民を批判する内容などもあり、「公正であるべき立場を逸脱した行為だ」と干拓事業見直し派住民らの反発を受けた。

職員がメッセージを送ったのは、国内最大のインターネット「ニフティ・サーブ」内の「自然環境フォーラム」。十回以上参加したという。九六年七月に、干拓工事の差し止めを求めてムツゴロウなどを原告とした「自然の権利訴訟」が長崎地方裁判所に提起された後、有明海にすむ魚「どうきん」（ワラスボの地方名）の名前を使って参加していた。干拓事業について「私の立場を申し上げますと、干拓大賛成の人間です」として、事業の目的や潮受け堤防（延長約七キロ）の工事の現状などを紹介。「諫早湾の干潟が消滅すると報道されているが、地元民から言わせるとなくなるわけがない。淡水性の干潟が残り、シジミなんかがとれるようになるかもしれませんね」とのメッセージを送っていた。

その一方で「洪水を心配している農民の気持ちが分かるか」とか「最後にムツゴロウさんへ。私たちの命を、財産を守るために死んでください。ごめんね。ムツゴロウさん」などとも記していた。

この職員が言う「淡水性の干潟」とは、どんなものなのか見てみたいものだ。干潟は、潮の干満が繰り返されることによってできあがっていくものだ。

職員は「地元の農民のような思わせぶりや中傷する表現があったのはよくないと思う。身分は、パソコン通信の中で問いただされれば答えるつもりだった」と話していた。

内部告発も

逆に農水省の干拓事業に内部から個人的な立場で批判、論文で事業の見直しを訴えた研究職員もいた。

論文を書いたのは、茨城県つくば市にある同省農業研究センターの室長。九八年に東京の出版社から刊行された、水辺の環境保全をテーマにした論文集に、さまざまな種類の生き物が生息する生物多様性の環境を保全する立場から、圃場整備事業の見直しや長崎県の諫早湾などの干拓事業を批判する論文を寄稿した。論文は同湾奥部の潮止め前に書いたらしいが、この中で「新たな農地開発を名目として諫早湾や中海を干拓しようとすることは暴挙としか言いようがない」と指摘している。職員はこの論文で「省内部では、批判意見は通らない」と語っていた。

事業を批判する論文を書いた職員は、野鳥生態学の立場から野鳥の食害防止や農地が環境保全に果たす役割などを研究しており、朝倉書店から刊行された『水辺環境の保全』に収めらた論文「サギが警告する田んぼの危機」を執筆した。この中で「生物多様性保全のための政策的支援」として農地開発にふれている。

論文は十八ページで、諫早湾干拓を重点的に取り上げたものではない。水田地帯でよく観察されるチュウサギやアマサギなどの生息環境の変化を主に論じている。作業を機械化しやすくする圃場整備事業が進められた結果、圃場が乾燥化してドジョウやカエルを餌にするチュウサギが減り、昆虫を餌にするアマサギが増える傾向になるなどと警告している。

生物多様性に配慮した農業政策の必要性や諫早湾干拓の問題点を訴える中で、研究職員は「自給率の向上や将来の世界的食糧危機に備えることをこうした農地開発の理由付けに使うのはご都合主義というほかにない。土木工事ばかりに税金をつぎ込む前に、未利用農地の有効活用や耕作放棄地、農業人口の減少・高齢化などへの対策を考えるのが先であろう」と指摘している。

職員は九八年十一月下旬に、干拓事業が進む諫早湾を個人的な立場で視察した。「カモ類は数万羽もいたが、干潟の貝を餌にするツクシガモなどは見られなかった。心配なのはシギ・チドリ類。有明海のほかの干潟に移ったとして、それらを支える餌の量は限られている。累々とした貝の死骸を見て干潟の豊かさを感じた」と話していた。

くずれゆく「防災神話」

報告に矛盾

一九九七年七月半ば、西日本各地で大雨が続いた。諫早湾では、干拓事業で潮受け堤防が仮閉め切りされ、湾奥部の調整池の水位を低く保つようになって初めての大雨だった。

推進派の農家は、干拓事業に対して、潮流が湾奥部まで届かなくなり、海岸沿いの諫早平野の水田地帯での排水がよくなるとの期待感を持っていた。潮流で運ばれる粒子の細かい泥が堆積することで、干潟が、高低差で平野部の田んぼよりも高くなり、農業用水路にたまった水が、干潮時でも海側に自然に流れにくくなっていた。それが調整池の水位が低く保たれることによって解消されるという理屈だった。ところが大雨の時、広範囲で田んぼが冠水し、収穫前の麦が浸かった個所もあった。

大雨の影響について農水省は、潮受け堤防で湾奥部を閉め切った結果、湾沿いの諫早市などでの家屋の浸水や水田の冠水面積は、七年前の大雨と比べて雨量が多かったにもかかわらず少なくて済んだと、効果を強調する報告をまとめた。しかし諫早市内ではこの間、排水ポンプが三カ所に増設され、能力が一・五倍になっていることを計算に入れずに比較していたことが、しばらくして分かった。藤本孝雄農水相（当時）は十八日の閣議で干拓の事業効果を報告したが、排水ポンプのことについてはふれないままだったという。

同省構造改善局（当時、現農村振興局）事業計画課などによると、七月六日から十二日まで降り続いた大雨による、諫早湾奥部沿いの地域の被害について、長崎県から報告があった。諫早市内では六八九・五ミリの総雨量を記録し、このうち十一日までの三日間の連続雨量は四七六・五ミリだった。この影響で同市や森山町、愛野町、吾妻町で合わせて約千二百ヘクタールの水田が冠水した。一方、一九九〇年六月二十八日から七月三日までの五日間に諫早市で三五六ミリの雨が降った。この時三十日までの三日間の連続雨量が二七四ミリだったのに冠水面積は約千六百ヘクタールにのぼった。

長崎県農村建設課の話では、九〇年の大雨による冠水状況についてはデータがそろわなかったこともあり、国には報告しなかった。このため農水省が独自に聞き取り調査や当時の記録写真をもとに、地形などから冠水した面積を割り出した結果、約千六百ヘクタールになった。これに基づいて藤本農水相が十八日の閣議で「七年前の大雨と比べて雨量が多かったのに冠水面積は約四分の三で済んだ」と報告したという。

諫早市によると、九〇年の大雨では浸水した家屋が市内だけで六十六戸、水田の冠水は八百二十ヘクタールだった。九七年七月の大雨では十九戸が浸水、ピーク時で約六百六十ヘクタールの水田が冠水したという。

同市農林水産部の話では、小野島町や川内町など古くからの干拓地は、干潟よりも標高が低い地

大雨で水浸しになった諫早平野（97年7月）

域の排水をよくするための排水ポンプが、湾沿いの六カ所に合わせて十二台ある。能力は全部で毎秒四十五トン。七百六十一ヘクタールをカバーしている。このうち六台が本明川左岸側の長田、小豆崎地区の三カ所に、九四年度と九五年度に設置された。排水能力は合わせて十五トン。受益面積は二百五十一ヘクタール。平野部の約三分の一にあたる。

九七年七月の大雨で冠水した六百六十ヘクタールのうち長田、小豆崎地区は約三十ヘクタール。ポンプをフル稼働させた結果、冠水時間を減らすなどの効果があったという。

農水省事業計画課では「排水ポンプを新たに設けた地域は面積的に小さいと考えた。事業効果をまったく同じ雨の条件で比較することはできない。概数的なもので判断するしかない」と言っていた。

公共事業なら、当然事業目的は論理的で、お金の遣い方も合理的であるべきだと思う。もちろん「政治決着」もあるが、諫早湾干拓事業では、防災効果が果たして十分あるのかなど、ちぐはぐな面がたくさんある。

公共事業は誰のものか

「大都市の人には干渉してほしくない」

諫早湾干拓は農水省の事業だが、もともとは一九五二年ごろ、当時の長崎県知事だった西岡竹次郎氏（故人）が構想をぶち上げた計画だった。巨大な規模で金がかかりすぎるプロジェクトだったこと、米の減反政策、なによりも海で生計を立てている湾内外の人々への影響が大きいと考えられたことから、着工すべきか、議論が分かれた。「防災」を事業目的にくわえた干拓事業に至るまで四人の長崎県知事がかかわってきた。九八年に衆議院議員から転身した金子原二郎知事で五代目になる。潮止めの時の知事は高田勇氏で、四期目だった。

高田氏は、一九九七年四月の潮受け堤防仮閉め切りによる潮止め直後、干拓事業の見直しを求める世論が高まったことに戸惑いを隠さなかった。副知事時代から干拓事業推進にかかわってきた自負もあったのだろう。高田知事の発言で忘れられないのは「地元の事業に大都市の人たちは干渉してほしくない」という言葉だ。干拓事業推進派の住民らが九七年六月七日に諫早市の諫早文化会館で開いた「住民総決起大会」での発言である。

住民総決起大会には、県選出の久間章生代議士（橋本内閣の防衛庁長官）ら国会議員も参加した。ムツゴロウやカニ、膨大な数の貝類が死に瀕し、「排水門を開放して干潟の再生を」と事業見直しを求める声が全国的に広がり始めた時期。高田知事は続けて「（調整池の）水質がだめになったら地元で受け止める」と声高にしゃべり、地元が関係した事業である点を強調した。決起大会は、諫早市や森山町の農家らが結成した「諫早湾干拓推進住民協議会」の主催。主催者発表で約二千二百人が参加した。貸し切りバスで乗りつけた人も多かった。

いうまでもなく諫早湾干拓事業には、国民の税金が使われる。それに加えて長崎県は離島が多く、道路や橋、港湾設備などの公共土木事業への依存度が高い地域だ。もちろん長崎県民や県内の事業所などが納めた所得税なども多いかもしれないが、知事という公職にある人間が、世界的にも自然環境としての評価が高く、論議の的になっている諫早湾干潟の干拓事業について、公の場で「地元の事業だから……」と話すのを聞いて、思わず自分の耳を疑った。

補助金「特需」のツケ

潮止めの後諫早湾沿いでは、干拓事業に付随して、土木建設業界で下水道工事などの「特需」が続いた。諫早市長田地区では九七年夏以降、「農村の下水道」の集落排水事業で、民家の庭先があちこちで掘り返された。家庭排水を処理場に送って浄化するためだ。周辺から、生活排水など汚水が湾に流れ込めば水質が悪化する。閉め切り後、堤防で外海と遮断された湾奥部は水質が急速に悪化。長崎県や湾周辺の一市四町は、農業集落排水事業や公共下水道事業などに急ピッチで取りかかった。長田地区での事業費は十七億円。

調整池の水質浄化をする水流発生装置（98年７月）

諫早市内の農業集落排水事業だけでも、二〇〇六年度までに十三地区で工事が続き、百億円以上かかる見込みだ。家庭への接続にかかる費用平均約七十万円は各家庭が負担することになる。

長崎県の公共事業への依存度は強い。建設業者数は九七年までの十年間で二割増えて約五千七百業者。離島が多いこともあるが、狭い地域で似通った設備が公共事業として手がけられるケースも目立つ。例えば山間部では農業の担い手が高齢化する中で、「農機具で効率よく作業できるように」と、圃場整備が進められるなど全国的な傾向と似ているところもある。

公共事業には、国の補助金が投入される一方で県など地元自治体の負担もある。自治体の借金にあたる起債で事業が進められ、自治体のふところ具合を悪化させている。起債の一部は、国に面倒を見てもらえるという制度があるため、いくらぐらいの事業効果があるのか、という費用対効果を甘く見積もってゴーサインを出していると思われるものもある。もちろん各自治体の首長は選挙で選ばれるから、「みなさんの地域のためにこんな事業を手がけました。支持をよろしく」とアピールして、うけをねらうこともある。借金を返す苦しみは、退職後、後任者や住民に回せばよいわけだから。

一九九八年二月、諫早市は、九八年度の市の予算案に、調整池の水質保全対策費として約三十八億五千万円を計上することを発表した。公共下水道終末処理場に高度処理施設を建設する費用などが含まれていた。高度処理施設の下水道中央浄化センターは、富栄養化につながる窒素やリンを除去するためのものだ。一般会計予算案で、水質浄化に効果があるとされる湿地植物のヨシ（別名アシ）を増殖させる実験なども含まれていた。実際にはアシは、実験の必要がないくらいに自然に増えた。同市によると、三十八億五千万円の財源内訳は、地方債が二十五億五千三百万円、国庫補助四億三千二百万円、県費四億四千八百万円、市費二億四千五百万円、受益者負担金が一億七千二百万円という。

潮止めをしなくとも、快適なくらしには下水道は必要かもしれないが、コストが安くつく合併浄化槽を増やすなど住民の負担をやわらげる道もあったはずだ。潮止めしたことで下水道整備を急ぐ必要に迫られたことは確かだ。しかし、高田元知事が「地元でかぶる」と言ったとおりになるものでもない。国庫補助がかなり含まれているからだ。

「お上依存」型事業

高田元知事は、自治省出身の元官僚。知事時代には、九州電力の松浦火力発電所や五島への石油備蓄基地の誘致のほか、島原半島の雲仙普賢岳の噴火災害では住民の立ち入り規制区域を設けて災害拡大防止につなげたり復興事業への取り組みをしたことなどで知られる。高田氏が長崎県を引っ張っていたころは、長崎の戦後経済を支えてきた造船や水産業、観光の三つの基幹産業が、下り坂にさしかかっていた。造船会社は、長崎市の三菱重工業長崎造船所や佐世保市の佐世保重工業（SSK）などがある。

長崎市は、広島市とともに被爆地として被爆者救済、核兵器廃絶、平和運動の拠点になっているが、その一方で最新兵器を搭載した自衛艦が県内の造船所で建造されている。佐世保市にはアメリカ海軍の基地があり、航空母艦や原子力潜水艦が時折寄港する。大村湾の長崎空港（大村市）は、戦闘機の飛来はないが、米軍関係者や家族輸送用の軍用機がひんぱんに利用する。一九九七年前後は、民間空港で全国で最も多い米軍機の発着回数を数えた。佐世保市の海上自衛隊の基地も重要な任務を担っている。矛盾を抱えながら県勢の浮揚を考えるのが、知事の仕事だったのだろう。

ほかにも県内では、バブル経済にかげりが見えたころの一九九二年にオランダなどヨーロッパの風景、情緒を擬装体験できる空間をつくりだしたテーマパークとしてハウステンボス（佐世保市）が登場した。それ以前の「長崎オランダ村」も人気があった。ハウステンボスは、国内だけなく韓国や台湾からのツアー客に人気を博した時期もあった。環境保全に配慮し、その中に住んでも違和感がないように設計した発想は、まちづくりの専門家などからも評価されている。だが、ハウステンボスひとつで県勢を浮揚できるものでもない。しかも九〇年代後半には、ハウステンボスの入場者数は年間四百万人前後で頭打ちが続き、苦しい経営を迫られた。二〇〇〇年には赤字経営の責任を取る形で、社長が交代した。

地域住民のしあわせにつながるまちづくりの考え方としては、住民や自治体がいかにやる気をおこすかがカギになる。国の補助があるからこんなものをつくっては、という公共事業にありがちな

「お上依存」では、建物などができても上手に利用できる人材も育たない。高田知事の地域振興策には、地元の資源や人材を大切にして育てて行こう、という発想が少ないように見えた。四期目の終わりごろは、県職員や県議会副議長が県発注工事にからむ贈収賄事件や談合事件で逮捕される事件が起きた。公共事業への依存度が高ければ、それだけ業者間競争も激しくなるというわけだろう。

一九七九年、大分県の平松守彦知事が、地域振興策として提唱し始めた「一村一品運動」は、地域の資源を生かして「むらおこし」「まちおこし」の運動を進めるアイデアとして注目を集めた。その発想は、熊本県ほかの国内はもちろん旧ソ連や韓国など外国にも「輸出」された。運動がスタートして二十年余りが経過したが、大分県内の多くの市町村は、人口の過疎化の悩みなどを抱えたままだ。運動の評価は分かれる。

しかし、日田地方の大山町が、稲作や畜産に頼らずウメやクリを植えて農家の所得を増やそうと、「ウメクリ植えてハワイへ行こう」の合言葉で始めた「NPC運動」や、農村の静けさや景観のすばらしさを残して「癒《いや》しの温泉郷」を目指した湯布院町などをモデルにした「一村一品運動」が、大分県民にふるさとへの愛着とやる気を起こさせたことは、確かだ。

ひるがえって諫早湾干拓事業を考えると、「日本一」と折り紙がつけられた干潟をつぶして、必ずしも必要とは言えない農地を造成する計画が、広範な人々の賛同を得られるかは、大きな疑問だ。

干潟の自然環境は、なにも湾沿いの人々だけのものではないはずだ。ましてや巨額の国民の税金を投入する公共事業だ。

信義なき市政

公約違反？

諫早湾奥部が潮止めされた一九九七年当時の諫早市長は、吉次邦夫氏だった。長崎県教委教育長などを務めた元県庁マンで前年の四月に初当選した。選挙戦のライバルも元県庁ＯＢの現職で、三代続けての県とのつながりが深い人物が諫早市長になった。吉次氏は、九八年まで四期にわたって知事を務めた高田勇氏の部下だった。高田氏は、時代の潮流が変わろうとする中で諫早湾干拓事業推進に執着した人物で、そのことが吉次氏の市政運営に影響を及ぼしたと見られる。市長に初当選した後の新聞記事を見ると、吉次氏は、市政運営などの抱負として情報公開条例制定や市西部の丘陵地に計画されているゴルフ場開発計画の見直しとともに、諫早湾干拓事業について次のように語っている。

「渡り鳥がくるような干潟がのこせないか。潮受け堤防が完成して外海から閉め切ると淡水化して生態系が変わる。工夫できないか考えたい」（九六年四月二十八日付　朝日新聞長崎版）

吉次市長は、九六年八月に諫早での取材活動を始めた私にも、干潟を残すために潮受け堤防の排水門を開けて海水を入れられないか研究したいという趣旨のことを話したことがあった。だが、潮止め後、干拓事業推進論と干潟再生を目指す事業見直しの幅広い住民運動がぶつかり合うようになってからは「海水は入れられない」という主張を曲げなくなってしまった。

九六年の市長選では、干潟保護運動を進めていた住民グループは、吉次氏が「現職よりもましだ」という判断から同氏の「住民との対話市政」を支持して肩入れしたという。干拓事業の見直しを訴えていた人々にとって吉次市長の姿勢は「公約違反で裏切り行為」に映るが、公選される自治体の首長らにとっては努力目標にすぎないのかもしれない。

選挙で議員になろうという候補も「公約」を並べるが、執行権限もないのに首長にしかできないようなことを挙げる人たちがいる。議会はあくまでチェック機関である。「地方議会ではイデオロギーの対立はなじまない」という理由で「協調、提言型」の議員活動を目標にする人も増えている。だが議員にせよ首長にせよ、基本的な心構えは「何が住民の暮らしを幸せにし公正な地域社会を築けるか」だろう。干拓事業見直しを訴えている諫早市民にとって、吉次氏が干拓事業推進の立場を強く主張することは、いわば「信義違反」だ。だが二期目の二〇〇〇年の市長選では、吉次市長のほかに候補者がおらず無投票当選が決まった。

市長選では、干拓事業の賛否は票につながりにくいようだ。だがよく考えると、干拓事業は市民にとって財政や生活環境などの面に重大な影響を及ぼす。まちづくりに干潟をどう活用すればよいか、大いに議論すべきだと思うのだが。

干拓事業を検証すると、「洪水や高潮から住民の暮らしを守り、収益性の高い農業を営む優良農地の確保」という事業目的が達成できるか、疑問だらけだ。少し譲って考えてみてもよい。これらの目的を達成するために潮受け堤防を築くにしても、排水門の数や幅を増やすなり、広げるなりして、海水を調整池に入れて干潟をできるだけ残す工夫ができないか。干拓地をもっと狭くして自然環境が決定的に破壊されないようにできなかったかなど、選択肢の数を増やして異なった事業の方向を見いだす手もあるはずだ。

干拓は国の事業だが、潮受け堤防閉め切り後の状況を考えると、大雨が降れば住宅の床上浸水や田畑の冠水被害が繰り返された。しかも行楽客を引きつけていた干潟の自然景観や渡り鳥の姿は見るべきものがほとんどなくなった。潮受け堤防外側の海で漁業で生計を立てて行こうという小長井町などの人々は、タイラギの休漁が続くなど苦しい状況が深刻さを増している。地域の人々が、干拓事業の効果を素直に認めているのか疑問だ。

住民の暮らしが豊かで安定したものになるように、と地域のリーダーたちが訴えて決断した事業が頓挫《とん》したケースは、一九九〇年代のバブル経済の破綻《はたん》後、いくつも出てきた。戦後の大きな転換となった例を九州で振り返ると、福岡県大牟田市で三井三池炭鉱の合理化が進む中で整備された第三セクターのレジャー施設「ネイブルランド」もそのひとつだろう。市が出資し、有明海の魚介類を展示した水族館などを設けたが、九八年に倒産した。隣の熊本県荒尾市の三井グリーンランド近くの炭鉱住宅跡地にできたテーマパーク「アジアパーク」も、同じ趣旨でつくられたが、危機に立たされている。

〈優良農地〉という幻想

今、農地は必要か

農水省が進めている諫早湾干拓事業は、長崎県が「優良農地」を確保する「悲願」を込めていたものだ。潮の干満が繰り返され、しかもムツゴロウなどが巣穴を掘れるソフトクリームのように軟らかい干潟の土を乾燥させて造る。干拓事業で造成する農地は、干陸化した「干潟」に山などから土を運んで埋め立てて畑に適した土地にするのではない。だから、しばらくしょっぱくて野菜が芽を出してもしっかり根を張って成長することは難しくなる。大雨で冠水したら農作物が育っても売り物にはならない。そんな心配をなくさない限り、借金をしても新たな農地を購入して農業で生計を立てようという農家はいないだろう。

太平洋戦争後の食糧難の時代には、コメの増産が国是みたいなものだったが、二十一世紀は地球規模で爆発的に人口が増えるといっても、採算が合わないような農業はやはり敬遠されるだろう。おいしい米や野菜などを栽培できる田畑が、作り手がいなくて荒れている。減反政策の影響や農業を担う若い人々が少なくなって高齢化し、採算に合わなくなったりしているためだ。農家を束ねる組織であるべき農協は、銀行並みに信用事業に情熱を傾け、消費者に好まれるおいしい野菜や果物を出荷しようという情熱を失っているところが目立つようだ。自然条件などを頭に入れて工夫を重ねて農山村の人々が育ててきた、それぞれの優良農地が次第に荒れて、やぶになったり原野になったりしているのが、二十一世紀を目前にした「ムラ」の風景だろう。そんな中で新しい農地を生み出してどうするのか。常識的に考えれば疑問がわくのが当然だ。

入植にかかるリスク

では優良農地とはどんな土地なのか。長崎県農林部によると、平坦で農作業が機械化できる広大な農地のことを言うらしい。離島が多く山間の狭い長崎県内の農地は、とくに生産コストが高くつくという。

だが土地改良法に基づいて進められる干拓事業では、造成された土地がただで農家の手に入るわけではない。造成原価の一定の割合の受益者負担が必要になる。畑作物の栽培ができるように農地を区画に分けて造成するのを始め、農業用排水設備などを整えるためだ。干拓地を取り囲む内部堤防の建設費を含めた事業費の一定割合（原則的には一八％）を、土地を利用する農家が負担する仕組みになっているのだ。しかし県がいくら「優良農地だ」と言っても、賃借する農家の立場になれば、①収益性の高い作物が栽培できるような農地か②大雨が降っても農作物が冠水する被害が出ないような環境か③事業費が高騰することによって農地の払い下げ価格が高くならないか④払い下げ価格あるいは賃借地代が、農業収入の範囲で生計が成り立つ程度の水準か、などの物差しに合わなければ、「優良農地」とは言い難いだろう。

コメを含めて輸入が自由化される農産物が増えた結果、農家のふところ具合は決してよくない。何を作ってどうやって販売したら暮らしていけるのか、悩んでいるのが農家の実情だ。「優良農地を」と言っている長崎県も、新たにできる干拓地にどんな作物が適しているのかを選ぶため、高来町沖の「小江干拓地」の一角で、一九九八年からレタスやタマネギなど五種類の作物の試験栽培を進めた。同年十二月中旬には、レタスを収穫した。

小江干拓地（百四十八ヘクタール）は、潮受け堤防工事の土砂捨て場として造成され、一部が農地として整備されている。栽培試験は、九八年五月ごろからトウモロコシや大豆などを緑肥作物として栽培し、土中にすき込んだ個所で始めた。家畜の飼料エン麦を含む五種類をいずれも五・五アールずつ植えた。試験栽培は、同県総合農林試験場（諫早市）が中心になって取り組んだ。

タマネギの試験栽培（高来町小江干拓で）

ここで新たに造られる干拓地の土壌条件に合うと見られる作物ができても、農家の技術や販売ルートなどを考えて採算に合うか否かも、重要なポイントになる。このため長崎県は一九九八年十一月二十五日、将来造成される干拓地での農業の姿や地域づくりの方策を探るため「諫早湾干拓営農構想検討委員会」を発足させた。農家代表や農業団体役員、農業経済学者ら十九人の委員で構成。具体的な営農プランなどをまとめる作業を進めている。

県が作成した営農モデルが初めて示され、イチゴや花の園芸作物も仲間入りした。初めての委員会は報道関係者らには非公開だったが、農地リース方式を求める意見や、環境を農業に優先させるべきだとの声もあったという。当初は九九年度に具体的なプランをまとめることを目標にしていたが、干拓事業の完成目標年次が二〇〇六年に延期になったことや世界貿易機関（WTO）での農業分野での交渉の行方次第では、農業の情勢も様変わりすることが予想されることから、見直しが課題になった。

リース方式ならば……

営農構想検討委員会は、農水省が造成する千四百七十七ヘクタールの農地の利用計画について、農家の代表や市場関係者らをまじえて意見を交換した。検討委会長は同県農協中央会長が務めた。土地の払い下げ価格は、長崎県が九八年三月議会に条例改正を提案して十アール当たり百十三万円台だったのが七十万円台になったが、それでも農家負担は重いという見方で、九八年十一月の初めての営農構想検討委員会で「リース方式の検討を」との意見が出た。農水省が造成コストの見通しを一九九九年に上方修正したことで、造成単価はさらに上がる計算になる。二〇〇〇年六月十四日にまとまった報告書でも「入植者にリース方式の導入が必要」と結論づける一方で、入植希望者は全国から募集する方針を盛り込んだ。

長崎県諫早湾干拓室によると、県の公社が土地を買い上げて農家に貸し出す方式にした場合、県の財政負担増につながる。農家も土地を取得すれば頑張るが、リース方式では経営が苦しくなれば途中でやめる可能性がある。そうなると、遊休地をかかえることになり、リスクが大きい。リース方式を導入するにしても部分的な形になるだろうという。

新たに造成する干拓地でどんな農業経営をするかは、漁業補償交渉がまとまった一九八六年に農水省が作成した事業計画に示してある。それによると、四十二戸の酪農家の入植を含めて野菜や肉用牛農家五百八十三戸に土地を配分するとされている。だが、その後農業情勢が大きく変化したことから長崎県と農水省はプランを練り直すことになった。

長崎県は、営農構想検討委員会に計画案として、①酪農②肉用牛③ジャガイモとニンジン栽培④アスパラガスやイチゴなど施設園芸などの経営形態ごとに所得見込みを盛り込んだ営農モデルを示したが、土壌改良も課題としている。具体的な営農計画は二〇〇二年までにまとめるという。だが、どんな農業なら儲かるのかは不透明だ。九州農政局諫早湾干拓事務所には潮止め後、「ダチョウの飼育場にできないか」など県外からの問い合わせもあったという。従来の計画のままだと、入植は酪農家四十二戸で一戸当たり八・一ヘクタール。経営規模拡大を目指す肉用牛飼育農家に三・五ヘクタール、野菜農家に二ヘクタールを目安に、合わせて五百八十三戸に配分する。酪農や畜産の場合、調整池の水質保全のため汚濁負荷を軽くすることも課題だ。

九州農政局は、諫早地区や島原半島で、農家が干拓地の農業をどう考えているのか、聞き取り調査を進めた。営農モデル計画をつくる参考データを得るためという。聞き取り調査の対象は、農業所得が年間七百万円以上の「認定農家」が多かった。聞き取り調査を受けた数人の農家に九九年春に聞いてみたところ、厳しい指摘が目立った。

諫早市川内町に住む、養豚と米麦栽培農家の後継者、土井賢一郎さんは「十アール七十万円台は相場と比べると安いが、機械などにも投資すると相当な負担。リース方式ならばよいと思う。タマネギ栽培を研究し始めたが、野菜は価格が不安定。米を作れたらよいのに」と指摘。島原半島の瑞穂町船津でカーネーションを栽培する浜塚敏さんは「土壌条件や全国規模で入植者を公募するのかどうかなど、もっと情報を公開してほしい。入植するとしてもいきなりは無理。県農業大学校に干拓科を設けたらいい。観光と結び付けた農業の検討を」という。

島原半島の有機農法産直グループ「ながさき南部生産組合」代表を務める南有馬町乙の近藤一海さんは「野菜の価格がいまより三割上がれば干拓のメリットがあるかもしれないが、輸入自由化で農産物は安くなる傾向。コスト競争よりも安全性や新鮮さなどの付加価値を追求した方がいいが、流通など自由な営農が保証されるのか分からない点が多い」と指摘していた。

また、農業後継者難は相変わらずだ。同農政局のまとめでは、長崎県の新規就農者は九六年が七十六人。大分県や佐賀県より多かったが、九州最多の熊本県の百九十九人の半数以下。九〇年代は九五年の八十四人が最多で低迷気味だ。

採算面や人材確保の点からも干拓事業は課題が多い。また同県はミカン園など耕作放棄地が多く、九五年の農業センサスで五千三百八十一ヘクタールあった。耕地全体の一一・五％という数字である。

水質浄化計画という倒錯

後手後手の対応

諫早湾奥部の広大な干潟では、そこにすむゴカイや貝、カニ、それを餌にするシギやチドリ類、ムツゴロウなど多様な生き物たちが、水質の浄化を助けていた。いわば天然の「下水処理場」だ。

生活排水が、河川や農業用水路に処理されないまま流されると、水質が悪化し河川の生態系や漁場への影響が出る恐れがある。下水処理場があったとしても、リンや窒素分が十分除去されなかったり、殺菌に使われる塩素分の環境への影響が心配される。

諫早市など湾沿いの地域では、潮受け堤防が完成した一九九九年前後の時期は、下水道は普及率が低いか、まったく整備されていない自治体が多かった。諫早市の場合、下水道の処理場が市西部の大村湾沿いにある地域と諫早湾沿いの二カ所に分かれている。このうち諫早湾処理区の下水道普及率は潮止め直後の一九九七年八月末で一七・七%と低かった。

潮の干満がなくなり、干潟の生き物の大部分が死滅すれば浄化能力が低下する。潮の満ち引きがあった潮止め前と比べると、水が入れ替わりにくい閉鎖水域になったことで水がよどみ、汚濁するのは当然予想されたことだったが、諫早市などの自治体では、潮止め後、ようやく生活排水による汚濁負荷量を減らすための対策に手をつけ始めるという対応ぶりだった。

木炭パワーで起死回生？

諫早市がまず打ち出したのは、台所の生ごみ用水切り袋を、下水道が普及していない地域の約二万六千世帯に配るアイデアだ。九七年秋のことだった。九八年春まで一週間に一枚ずつの計算で、費用として千六百七十一万円を予算化した。

さらに生活排水の汚濁を減らすため木炭を利用した水処理実験も進めた。市街地を流れる本明川に面した幅一・六メートルの排水路に備長炭約五十キロを並べ、汚濁物質がどの程度吸着されるか調べた。市環境保全課によると、水深五センチほどの地点で化学的酸素要求量（ＣＯＤ）などのデータを検証したところ、ＣＯＤの数値は半減したが、窒素やリンの除去率は二〇％から三〇％程度だった。油分が木炭の表面に膜をつくって吸着されにくくなることがわかった。

木炭での水処理は、清流として知られる、高知県の四万十川流域での「四万十川処理方式」をヒントにしたものだ。高知県自然循環方式水処理技術研究会が一九九六年にまとめた「水路浄化施設調査報告書」によると、水田での浄化機能を手本にし、本来自然が持っている物質循環の自然浄化機能を生かし、木炭や枯れ木、石などの自然の素材に若干の加工を施し、生物の定着を促した浄化装置として設計したものだという。生活排水が流れ込む場所に①沈澱槽②浮遊物除去と脱窒素の槽③有機物を分解する微生物を付着させた木炭槽④カルシウムを含む素材にリン酸分を吸着させる脱リン槽など五つの槽を設けた構造になっている。大学や企業の研究者、県などが協力して開発した技術で一九九三年に四万十川流域の十和村に初めて整備されて以来、流域の各地にできたほか、県外でも導入されているという。

諫早市は、諫早湾奥部の調整池の水質保全策を探るため「木炭の浄化パワー」にこだわった。九八年十一月中旬には、同市小野島町で木炭と雲仙・普賢岳の火山礫を組み合わせた水質浄化実験を始めた。「四万十川方式」の処理施設も担当職員らが視察に出かけたが、「アイデア料」を含む投資でそっくり導入するのに抵抗を感じたのか、自前での実験を続けた。レジャー施設「干拓の里」内の農業用水路（幅約二・七メートル）に二キロの火山礫入りの袋を二十袋沈め、下流側に備長炭を二キロずつ詰めたネット百袋を置いた。市環境保全課によると、BOD（生物化学的酸素要求量）やSS（浮遊状物質）、窒素、リンなど七項目のデータを比較して浄化効果を調べる実験。約二百万円の予算でうち木炭代が約七十万円。実用化の見通しは難しい様子だった。

潮止めで閉鎖水域になる調整池の水質が悪化するだろうということは、諫早市など湾沿いの地域の公共下水道や農業集落排水事業（農村部の下水道）の普及率が低いことなどから予測され、九州地方建設局も指摘していた。それでも木炭を利用した水処理技術の実験や生活排水流入による河川の汚濁負荷を減らすための住民への水切り袋配布などのPR活動は、潮止め後にようやくスタートした。事が起きないと、動かない。というよりも動けない「お役所」の弱点なのだろうか。

自治体が洗剤配布

潮受け堤防内側の調整池の水質は、農林水産省が干拓事業が完成するまでの間の環境保全目標値として掲げた化学的酸素要求量（COD）で五ppm以下、リン分〇・一ppm以下などの目標値を達成できないままだ。潮受け堤防外の小長井町沖合の漁場では、九八年夏に赤潮が発生、天然魚が死ぬ問題が起きた。

農水省側は因果関係を認めていないが、「二枚貝・タイラギの休漁や赤潮は干拓工事や調整池の水質悪化に起因する」というのが漁民らの大方の見方だ。

そんな問題が起きている中で、諫早市は九八年度、調整池の水質保全策としてヤシ油の台所洗剤の無料配布を計画した。洗剤は、山梨県の洗剤メーカーの製品。ヤシ油を原料にしているが、合成界面活性剤を含んでいるため合成洗剤の扱い。約二万三千世帯に四〇〇c.c.入りの液体洗剤を配布した。配布の予算は約七百万円。市は、せっけんとこの洗剤について、環境への汚濁負荷量や魚を使った急性毒性試験、環境ホルモンの有無などを比較した上で、「急性毒性はせっけんの方が低いが、汚濁負荷は台所洗剤が少ない」と判断して選んだという。

この計画に対して、せっけんを使う運動に取り組んでいる市内の女性グループや日本消費者連盟（本部・東京）など全国各地の消費者団体から九九年二月ごろ、「安全とは言えない合成洗剤の配布中止を」という申し入れが相次いだ。このうち日本消費者連盟は「合成界面活性剤を成分としており安全とは言えない。亜硝酸塩と結合して発がん性物質がつくり出されるおそれのある成分も含む。合成洗剤は水を浄化する微生物も殺す。自治体が配る必要があるか疑問だ」と指摘した。

それでも諫早市は九九年二月半ばに、下水道などが普及していない地域の約二万三千世帯に無料で配った。同市の環境保護団体「いさはや水と命のネットワーク」（池田オチホ代表）は九九年四月、配られた家庭を回って台所用合成洗剤を回収。百個を市に返還して抗議した。市側は「問題がないとは言わないが、よりよいものと位置づけている」と釈明した。

ところが、「せっけん愛用」の市内の女性が九九年三月上旬、市監査委員に「税金の無駄遣いだ」として住民監査請求した。九九年四月末に、市監査委員が出した回答は「環境対策上必ずしも有効とは言えないが、一般的な合成洗剤よりも界面活性剤が少ない。公金の不当支出とまでは言えない」という判断だった。その一方で「洗剤についてデータ収集に疑問を感じた」などとして市側へ注文をつけた。

「せっけんなどを使っている家庭にとっては逆行する。だが配布した洗剤は、一般的な合成洗剤と比べて界面活性剤が少なく、界面活性剤が二分の一以上削減されると予想される」と結論づける一方で「市は洗剤についての独自のデータを持っていなかった。各家庭に一律に配布するのではなく、状況を見極めて必要な家庭だけに配布すべきだった」と、市側に通知した。

「合成洗剤の無料配布は税金の無駄遣い」として吉次邦夫市長に私費で補填《てん》するように求めた女性の訴えは通らなかったが、環境政策論議に一石を投じた。

ヨシ（アシ）の浄化能力に着目

「自然の浄化作用」としては、干潟に生息するカニやゴカイなどの生き物の役割のほかに、河口域に多く自生するヨシ（アシ）など植物の働きもある。潮受け堤防の閉め切りで湾奥部への潮流がストップしたのと、調整池の水位が低く保たれるようになったため、湾に流れ込む本明川などの河口部にあるヨシ群生地のかなりの部分は枯れた。ヨシは、川や沼の岸辺などに自生する湿地植物で繁殖力が強い。窒素やリンなどを栄養分として吸収する。冬場に枯れた茎を刈り取って手入れすれば、ヨシ群生地は干潟の生物と同様に役立つ。琵琶湖がある滋賀県でヨシ群落を保護する県条例が

園芸作物による水質浄化実験（森山町上名）

制定されていることはよく知られている。長崎県諫早市では、干拓事業で逆にヨシ群落を枯らしてしまい、干陸化した干潟部分にお金を投じてヨシを移植する試験も手がけた。

本明川沿いの群生地は延長約三キロにも及んだ。水鳥の隠れ場であり、夏場ににぎやかな声で鳴くオオヨシキリや冬の渡り鳥・オオジュリンなどの餌場だった。軟らかい潟土のところが多く、カニや小魚なども豊富だった。潮の干満が繰り返されていたころ、満潮時に水をかぶっていた場所も干陸化したため冬場は茎が枯れた。

滋賀県では琵琶湖の富栄養化防止や野鳥などの生息環境を確保するねらいで一九九二年七月に「琵琶湖のヨシ群落保全条例」を制定した。同県エコライフ推進課によると、冬場に枯れた茎を部分的に刈り取るなど手入れをする。吸い上げられた栄養分が水に戻らないようにするためで、刈り取った茎は、日よけのヨシズ造りの材料や肥料に活用しているという。

農水省や諫早市でも、ヨシなどが水質を浄化する働きをすることに着目し、浄化実験を進めた。このうち九州農政局諫早湾干拓事務所は九八年春、調整池にヨシを植えた筏《いかだ》を浮かべた。廃材などで、四メートル四方の枠の筏を十基ほどつくって、枠の中にヨシを植え込んだ。浮き（フロート）と錨《いかり》を取り付けて定着するか調べたが、結果的には種子が流れて発芽したのか、干陸化した「干潟部」に少しずつ群生地が広がった。さらに九九年には森山町と愛野町の境界を流れる有明川河口では、キショウブやシュロガヤツリなどの湿地植物を植えて窒素やリンをどれだけ吸着するかを調べた。

一方、長崎県衛生公害研究所や長崎大学、園芸会社などは九八年二月、森山町上名に園芸植物を利用して生活排水を処理する方法を共同研究する実験設備をつくった。汚水に含まれる窒素やリンなどを植物に栄養として吸収させて処理をする一方、育った花木を商品化できるかを探った。実験設備は、同町の農業集落排水施設の終末処理場そばにあり、百二十平方メートルのビニールハウス温室の中に水処理設備やコンクリートブロックで囲んだ栽培設備五基を造ってサザンカやキンモクセイ、サンゴジュなど五種類の花木の苗百本ずつを合わせて五百本植えた。工費は約一千万円。

長崎県衛生公害研究所の試算では、五百人規模の集落の生活排水をこの技術で処理するとしたら約四ヘクタールの農園が必要になるという。

「考えられていなかった」

あの手この手の水質浄化策が試みられているが、調整池の水質は淡水化に向かい、一方では環境保全目標値が達成されないままだ。二〇〇〇年六月十二日現在の「調整池水質調査」によると、化学的酸素要求量（COD）は、主な五地点で七・七ppmから一二ppm。リン分も〇・二五一ppmから〇・

三五二ppmでいずれも環境保全目標値を達成できなかった。

ゴカイやカニ、ムツゴロウ、貝など干潟の無数の小さな生き物たちと渡り鳥などが相互に関係する生態系のなかで営まれていた干潟の浄化作用に、閉め切り後になってやっと気づいた人もいる。長崎県庁を取材で訪れた時、「干潟の浄化能力がどの程度あるか、いま環境庁が調べている段階。干拓事業の影響を評価する時点では考えられていなかった」と担当者は漏らした。

二〇〇〇年六月の総選挙の時、新聞のインタビューで干拓問題について意見を求められた長崎県内の自民党の有力候補が、「(事業見直しを訴える人々は）反対の意見があるなら二十年前に言うべきだ」と回答した記事を見た。「政治家は時流に敏感であるべきだ」と私は思うが、そういう意味ではこの候補は、時代感覚がずれた古いタイプの人物だ。人々が幸せを感じる世の中にしてゆくには、歴史の流れを間違った方向に導いてもらっては困る。諫早湾干拓の場合、判断材料は、いかにお金をかけずに地域住民の命と財産を守り、安心して暮らせる環境にするかだ。干潟の浄化能力は、かなりの規模の下水道終末処理場をつくったのと同じ効果を生む。国民の税金を自分のカネのような感覚で、予算配分してもらっては困る。

失なわれる観光資源

潟スキー、ピンチ

干潟やそこに生息するムツゴロウなどの生き物たちの営みは、諫早市やその周辺地域の人々の暮らしと強く結びついていた。「ムツゴロウ」という名前を入れた店があったり、二枚貝のアゲマキなどをかたどったお菓子も売り出されたりしている。諫早市で市教委などが結成した「いさはや楽しむスポーツ実行委員会」が毎年九月ごろ開く「ミニトライアスロンリレー大会」は、競技のひとつに干潟の上で板を滑らせる潟スキーを採り入れていた。だが潮止めから五カ月後の一九九七年九月十四日にあった八回目の大会では、諫早湾干拓事業の影響で、これまでの競技コースの干潟を田んぼに変更して開かれた。自転車とランニング、水泳のほかに潟スキーを組み合わせたレース。このうち干潟が干陸化したため使えず、田んぼをドロドロにして行われた。

「ミニトライアスロンリレー大会」は、市や市教委などが地域おこしの行事に、と続けてきた。諫早市小野島町のレジャー施設「干拓の里」をスタート、ゴールとする高来町折り返しの六区間（全長二十五・一キロ）のコースを自転車やランニングでつなぐ。潟スキーと水泳の距離はそれぞれ二

ミニトライアスロン大会での「潟スキー」（諫早市、97年９月）

百メートル。潟スキーは、ぬかるみやすい干潟の上を板で滑るもので、ムツゴロウ漁でおなじみだ。前年までは同市沖の干潟にコースが設けられていた。

一九九七年四月半ばの潮受け堤防工事による潮止め後、水位が下げられた結果、干潟の乾燥が進み、大人でも軟らかい潟土にぬめり込むことなく歩けるほど表面が固くなった。固くなったら潟スキーが使えない。このため市教委では、潟スキーの会場として近くの休耕田を農家から借り、水を入れて耕して軟らかくしてもらった。干潟の上とは勝手が違って戸惑う参加者もいた。

干潟のスポーツ行事と言えば、佐賀県鹿島市の「ガタリンピック」がよく知られている。軟らかい干潟の上に敷いた狭い板の上を自転車で上手に走るのを競う種目などが演出される。板から落ちたら、もちろんどろんこになる。それが見物客に受ける。参加者も思いっきり軟らかい干潟の土にぬめり込んで気持ちいいらしい。珍しいイベントで遠くからやってくる見物客も増えて、地域の名物行事になった。干潟の遊びはすっかり有名になって、修学旅行で立ち寄る高校生らのグループもあるという。

ムツゴロウの行く末は

諫早地方の民謡に「のんのこ節」というのがある。

〽芝になりたや　箱根の芝に　やれ
諸国諸大名の　しきしばに
ノンノコサイサイ　してまたサイサイ

祝いの宴席などでも歌われ、小皿をカスタネットのように叩いてリズムよく踊るのだ。「のんのこ」という言葉は、地元の人の話では「かわいい」などの意味だという。歌詞は晴れがましい舞台に登場する願望を込めた内容だが、地元では「他人に踏みつけられる芝になりたいという意味の歌詞には反発を感じる」という解釈をして敬遠する人もいる。ただ、そんな歌詞の意味は別にして、皿踊りは広く市民に親しまれている。諫早青年会議所などが中心になって「諫早のんのこまつり」が毎年八月に開かれていた。まつりのPR用キャラクターは、元気なムツゴロウのデザインだった。

潮止め工事の後、九七年夏には、ムツゴロウのすんでいた干潟は乾燥が進み、ムツゴロウたちはピンチに立たされていた。それでも「のんのこまつり」PR用ステッカーには、ムツゴロウが元気に踊るデザインが使われた。小学生から大人までの各種グループが、商店街を民謡「のんのこ節」に合わせて皿をカスタネットのようにたたいて踊り歩いた。九七年で十回目だったが、ムツゴロウの干潟が消えていくように「のんのこまつり」も、秋の「諫早祭り」に統合されてしまった。

干拓事業の影響で、展示に使う干潟の生き物が確保できなくなった施設もあった。しかも公共施設だ。長崎県諫早市の諫早平野にあるレジャー施設「干拓の里」の「むつごろう水族館」だ。名前から想像できる通り諫早平野の干拓の歴史や諫早湾沿いの暮らしを紹介する干拓資料館、遊具などが展示されている。一九九四年十一月にオープンした。同市小野島町にあり島原鉄道の「干拓の里駅」から近い。市などが出資した第三セクターの県央企画が経営する。正式には「諫早ゆうゆうランド・干拓の里」という名前だが、経営の中身は赤字体質から抜け出せず、「ゆうゆう」というより「きゅうきゅう」と言ったところだ。

「むつごろう水族館」は、その片隅にある。湾沿いの河川や干潟の生き物など百種を飼育、展示している。シンボル的存在としてムツゴロウの飼育水槽がある。円筒型で直径六メートル。約半分に深さ八十センチほど潟土を入れ、生き物たちが潜れる構造になっているが、国の諫早湾干拓事業の影響で、ムツゴロウや潟土を佐賀県から補充せざるをえない事態に追い込まれた。足元の干潟をつぶして県外に依存する姿勢に訪れた人々から疑問の声も出ている。

水族館と言っても学芸員のような専門の研究者がいる施設ではない。それでも九八年に島原半島の高校の生物研究グループが、諫早湾奥部で捕まえて持ち込んだ希少種のヤマノカミの飼育を続けて、人工孵化に成功した実績もある。飼育担当者によると、ムツゴロウの餌は自然の状態では干潟表面に生える珪藻《けいそう》と呼ばれるコケ類とされるが、飼育水槽ではオキアミやアユの餌などをペースト状にして与える。水槽全体で約三百匹のムツゴロウを飼っているが、死滅するケースもあり、春と秋に二百匹ずつ補充してきた。一九九七年春の潮止め後も、地元の元漁民が諫早湾で捕ったのを譲ってもらってきたという。

ムツゴロウに詳しい元漁民から「潮止め後いつまで捕れるかわからない」と言われたため、水族

ムツゴロウ漁（諫早市沖、96年10月）

館では、佐賀県鹿島市などに住むムツゴロウ漁師の中から、協力してくれる人を探すことにした。一方、潟土は年間三、四回補充している。潮止め以降は鹿島市などの干潟から運んだ。

佐賀県有明水産振興センターの話では、台湾ではムツゴロウを養殖しているという。同センターでも人工孵化、飼育の技術を開発したが、稚魚の餌を確保するのに設備が必要で難しいが、水族館で飼育する数を佐賀県内で確保するのは可能だという。

しかし諫早市の住民団体・諫早湾干潟研究会の富永健司代表は「干潟をつぶしてよそから仕込んだムツゴロウを展示するなんて情けない。発想そのものがおかしい」と指摘する。批判に対して県央企画側は「シンボルとしてムツゴロウを飼育し続けるにはやむを得ない」と釈明した。

「人を呼ぶ看板は困る」

諫早湾奥部の諫早市小野島町から森山町にかけての旧海岸堤防沖合には、秋に紅葉するシチメンソウの群生地があった。紅葉は、十月末から十一月にかけてが見ごろだった。越冬するシギ・チドリ類の大群も見られ、目と耳で深まりゆく秋の季節感を楽しめるポイントだった。「ストレスがたまっていても、ここにくると心が落ち着く」と、遠方からドライブがてらにやってくる行楽客も多かったが、潮止めで干潟の風情も消えてしまった。

干拓事業の旗振り役を担ってきた長崎県の姿勢には、農林水産省と同様に疑問を感じることがたくさんある。前にも述べたが、具体例を挙げてみよう。

一九九六年秋のことだ。諫早市の住民グループ・諫早自然保護協会が、シチメンソウの群生地の説明板を堤防に取り付けようと、堤防一帯を管理する県諫早耕地事務所に許可を求めたところ「人を呼ぶ看板は困る」という理由で断られた。

諫早自然保護協会によると、説明板には「日本最大の群生地でたいへん貴重な生育地です」と書くことにしていたという。群生地は当時、海岸堤防沿いに延長約一・五キロ、幅平均五十メートルほどの区域に広がっていた。

諫早自然保護協会は、干拓問題に関しては事業の見直しが必要とする立場を取っていたが、説明板で多くの人々に干拓見直しを訴えるような積極的な活動はしていなかった。自然観察会などを開いて、干潟の魅力を多くの人々に理解してもらう地道な活動が主体だった。

シチメンソウの貴重さを訴える説明板の設置を「ダメ」とした県諫早耕地事務所は「必要性が高いものしか認められない。道路も狭く人が大勢来ると、近くの農家が迷惑すると判断した」と理由を説明した。「農産品を売り込むチャンスになるじゃないか」と突っ込んで聞くと、「諫早平野は米麦が中心で買ってもらえる野菜が少ない」という答えがかえってきた。農業振興のための事業であるはずなのに担当窓口の「役人」は、水利施設や農道、農地整備工事をどうするか、などの自らの仕事のことしか眼中にないようだった。

この問題を地域振興策のアイデアとして考えた場合、どうなるだろうか。人口の過疎化防止策や地場産品の販路拡大策が、農漁村を抱える自治体の大きな悩みで、ほかの地域から行楽客など交流人口をいかにして増やすか躍起になっているところが多いはずだ。人がよそからたくさん来れば宿泊や買い物などでお金を落としてくれる一方、さまざまな情報をもたらすからだ。それが地域を豊かにする知恵のもとになる場合だってある。

そんな時代の流れなのに「人がたくさんきたら迷惑だ」と、素晴らしい環境をPRする説明板設置に「ノー」という返事を出してしまった。県の耕地事務所は、農業の環境整備を担当する部署だ。農地の水はけが悪い場合、ポンプを増設したり農業機械が使いやすい田畑にするため農地の区画整理事業を進めたりする。県の出先機関であるにせよ、部署が異なるにせよ、農産物をいかに売り込むか、を考える立場にいる公務員の発想だろうか、と首をかしげたくなるのは私だけではないだろう。大切なのは住民の立場でいまの時代に何をなすべきかを考えることだ。干拓事業の発想ともおおいに通じるポイントがある。なぜ干拓地をつくるか、つくること自体が目的化していないか自問自答してほしい。

一方、干拓推進を訴える農家が多い小野島町などの地域には、米麦中心の作付けで兼業農家が多い。自分たちが育てた野菜などを消費者に売り込んで高い評価を得ないと、生計が成り立たないという切迫感はどうもないらしい。だが、仮に干拓地に入植して野菜などを広い面積で栽培するようになったらそうはいかないはずだ。おいしく安心して食べられる農産物を育てているというイメージが大事になってくる。

九州でも早い時期から有機農業を奨励するため無農薬・減農薬農産物の認証制度を設けている宮崎県綾町などの農産物は、消費者団体からの評価が高いと聞く。遠方から見学に訪れる消費者も多い。諫早地域ではどうだろう。初めて訪れる人々に感動を与えるような干潟の景観を邪魔者扱いにして農業振興策を考えられるのだろうか。そんなにおいしい農産物をつくる自信があるのだろうか。諫早の特産品で友人らに自慢できるようなものを地元の人々に紹介してもらった記憶は、残念ながらあまりなかった。

第6章 闘い

干潟は取り戻せるか

「共生」の旗を掲げて

推進派の思い

「なぜ、いまごろになって騒ぐのか」

一九九七年四月、湾奥部への潮流を遮断する潮受け堤防仮閉め切り工事があった直後から、ムツゴロウなど干潟の生き物の生息環境を奪う巨大プロジェクトに対する世論の関心が急に高まった。世論の高まりは、二百九十三枚の鋼板が次々に「ギロチン」のように落とされる映像の衝撃などで増幅された。これに対して長崎県や諫早市などの自治体を含めた「地元推進派」から戸惑いの声が上がった。

干拓事業をローカルニュースとして扱っていたマスコミにも責任はあるが、地元推進派の戸惑いは、「事業を進める行政の手続きは、県議会の議決、漁業権を持つ漁業協同組合の同意などがあれば問題ないはずだし、湾沿いの市町議会も推進決議をしていた」という理由だ。

修復されないまま旧態依然とした旧海岸堤防外側の干潟に、潟土が年ごとに堆積していたことなどから、諫早平野は、水田地帯の排水が思うようにいかない悩みを抱えていた。大雨のたびに田ん

干潟の生き物救出作戦（97年4月）

ぼや道路が冠水するのが悩みだった地元の干拓推進派の農家も、「ムツゴロウやカニを救え。干潟を守れ」の声の広がりを同じように受け止めていた。

諫早湾干拓をめぐる賛否論争は、一九七〇年代から一九八〇年代にかけては「行政VS漁民プラス住民、労働組合」という構図だった。攻防の論点は、「干拓事業によって新たな農地や水資源が確保される」という推進派に対して、反対派は「暮らしの原点である漁場が失われる。魚介類の揺りかごがなくなるのは、将来に不安をもたらす」という訴えだ。当時計画されていた諫早湾奥部の閉め切り面積は、約一万ヘクタールと大規模だった。

戦後の長崎大干拓構想に続いて長崎県南部地域の総合開発を目指した干拓事業計画（南総計画）が中止され、代わりに高潮と洪水防止、新たな農地開発を加えたいまの諫早湾干拓事業に切り替わったのが一九八二年末ごろだ。閉め切り面積も、三千五百五十ヘクタールに縮小されたこともあって、佐賀県太良町の大浦漁協など、有明海沿いの長崎県以外の漁協も一九八八年までに計画に同意した。事業計画に「防災」の二文字が加わったことで、長崎県内の主な労組の支援組織も干拓推進論に傾いた。

「負けてもともと、勝てばおおごと」――山下さんらの闘い

諫早湾干拓事業の見直しを求める住民運動は、全国各地の干潟を守る運動グループで結成する「日本湿地ネットワーク」代表を務めた山下弘文さん（二〇〇〇年七月二十一日、六十六歳で死去）らが担ってきた。三十年近くにわたって干潟を守る運動を続けた山下さんにとって、干潟とのつきあいは、無線技士だった父親らと中国の南京で過ごした小学生のころからだ。そばには干潟があり、ムツゴロウなどを見て育ったという。大学で魚類分類学を専攻。佐賀県水産試験場や長崎市の水族館に勤めた。旧総評系の労組運動にかかわる一方、一九七一年から「長崎南部総合開発計画」と名付けられた諫早湾干拓事業の「反対運動」に首を突っ込んだ。そして一九七三年に諫早市に住んでいた芥川賞作家、野呂邦暢氏（故人）らと「諫早の自然を守る会」を結成した。「負けてもともと勝てばおおごと（一大事）」を合言葉に動いた。

諫早湾奥部の約一万ヘクタールを閉め切る南総計画は佐賀県や福岡県など有明海沿いの漁民らの強い反対で中止に追い込まれたが、干拓事業が、「防災と優良農地造成」を目的にした計画に変更されたことで、運動のあり方の問い直しを迫られた。

その後、諫早市内に住み、湾沿いの人々の暮らしや歴史などに関心を払って写真を撮り続けていた富永健司さんらが仲間に加わった。山下さんは、かつて労組のオルグ活動をしていた経験からマイクを持って持論を訴えるのがうまかった。弁舌の滑らかさを評して「干潟のアジテーター」と言

う人もいた。ふだん来客があるとニコニコと笑顔を絶やさず、ことにマスコミ関係者の取材にはいやな顔もせず応対していた。酒、とくに焼酎が好きで、飲むと笑顔と舌の滑らかさで人の輪を広げた。干潟を守る長い闘いで、漁民らとも親交を深めた。

山下さんが富永さんらと行動を共にしていた時期は、有明海など各地の干潟でゴカイやカニなど底生生物の生息調査を地道に続けた。その結果、よそと比べて諫早湾干潟には底生生物が豊富なことに気付いた。「干潟のミミズ」ともいうべきゴカイの種類が多く、新種と見られるのもいた。有機物を餌にする一方、干潟に穴を掘って潜り込むことで酸素を送って浄化を助ける役割をする。山下さんは「ゴカイは地球を救う生き物。私はゴカイ真理教の教祖ですよ」と、冗談を交えて底生生物の働きの大切さを強調したことがあった。そして「渡り鳥だけでなく生物の多様性がある干潟生態系保護を進め、人間と自然の共生を」と訴えた。

日本湿地ネットワーク

湿地保護を目的にしたラムサール条約締約国会議が一九九三年に北海道釧路市で開かれるのを控えた九一年、「日本湿地ネットワーク」が結成され、山下さんは代表を任された。湿地ネットワークは、全国各地で干潟を守る運動に取り組んでいた住民団体が手をつないで行こうと生まれた。

このころ、福岡市の博多湾奥部では、市が和白干潟沖合に広さ四百一ヘクタールの人工島（アイランドシティ）を造成する計画が問題になっていた。和白干潟は、広さ八十ヘクタールだが、シギやチドリ類、くちばしが赤く背中が黒っぽい珍鳥・ミヤコドリなどの飛来地として全国的に知られていた。朝鮮半島や中国大陸とも近く珍しい野鳥がよく観察されたが、人工島の建設による湾奥部の水質悪化のおそれが指摘されていた。実際、潮流の変化で海水の交換が鈍くなり、一方で生活排水の流れ込みによって窒素やリン分が増える富栄養化が進行。アオサが異常繁殖し、福岡市が、除去作業を続けるようになった。

国際的に重要な水鳥の生息地である湿地保護を目指すラムサール条約の締約国会議が釧路で開かれるのを前に、住民団体の間では、魚介類の揺りかごとしての役割だけではなく、干潟に多様な生き物がいることによって水をきれいにする働きや環境教育の場としての価値も評価すべきだという声が高まった。こうした「草の根運動」に、海外でいったん開発した湿地を元に戻している（湿地再生）情報も寄せられるようになった。

国内最大級の諫早湾干潟は、渡り鳥のシギやチドリ類などの飛来地として国際的に知られ、ラムサール条約の登録湿地になる条件はそろっていた。登録には、地元の県など自治体が積極的な保護策を整えることが必要だ。干拓推進の立場を取る長崎県には、期待するのが無理な話だったが、山下さんらは、九七年四月の潮受け堤防の閉め切りで湾奥部の淡水化が進む中、訴え続けた。

「干拓全面反対ではなく地先《ちさき》干拓は必要。水質浄化の役割があり魚介類の産卵場である干潟の賢明な利用を」。

排水門を開放して海水を入れるように強調した。

潮受け堤防の仮閉め切り工事の後、「ムツゴロウやシオマネキを救え」とばかりに排水門の開放と干潟再生を求める声が広がった時、推進派の農家が、視察に訪れた代議士らに「事業に反対しているのは、洪水の悩みのない高台に住んでいるやつぐらいだ」と感情むき出しに訴えたことがあった。山下さんの自宅は確かに高台にあるが、原稿を書いたり来客と話したりする部屋の広さは六畳で、書棚は資料や本で埋め尽くされていた。

一九九八年四月、山下さんはアメリカのゴールドマン環境保護賞を受けた。世界各地で草の根の自然保護運動をしている人などに贈られる賞だ。山下さんの三十年近くの干潟保護運動が世界に認知されたのだ。その後湿地ネットワークの活動は、やはり開発で狭められていく韓国の干潟の実情に目が向けられ、韓国の非政府組織（ＮＧＯ）と共同で調査して情報交換し合うようになっている。

時代の流れは二十一世紀を迎え大きく様変わりしつつある。まず大切なポイントは、①自然環境が地球規模で大きく変化し、人類が未来に命をつないでいくには、さまざまな種類の生き物が生息できる環境を守って共生する「持続的発展が可能な道」を選択する必要がある②干潟などの湿地が多くの生き物をはぐくみ、人々に安らぎを感じさせる環境として評価されるようになり価値観が変わってきた③戦後の日本国内の経済発展を支えてきた公共事業は、赤字財政体質を生み、国の「借金」が膨らみ続け、無駄な事業の見直しが求められている④どんな公共事業を進めるかの決定権は、事実上一部の政治家や官僚に握られてきたが、無駄遣いをなくすため行政面で民主主義を支える情報公開が求められるようになった⑤農産物の輸入自由化などの影響で、後継者難など、農業情勢が変化しているといった点が挙げられる。干拓地が完成しても農地が荒廃する心配が指摘されているのだ。

民主主義の国である以上、公共事業は「地元の要望」に支えられるはずだが、地元の声も地域の利益だけではなく世界的な潮流に目を向け、耳を傾ける必要があるのではないだろうか。

デモ行進をする住民団体（諫早市で、97年10月）

ムツゴロウが原告――自然の権利訴訟

一九九三年十二月、生物多様性の保全と持続可能な利用を目指す「生物多様性条約」が発効した。これを受けて、環境庁が中心になって、九五年十月に「生物多様性国家戦略」をまとめた。さまざまな種類の生き物が共存できる自然環境を保全していこう、との趣旨だ。

日本ではまだ認知されているとは言えないが、自然の生き物たちの存在する権利（自然の権利）を認めるべきだという訴訟は、別名「自然の権利訴訟」とも呼ばれる。鹿児島県の奄美大島でのゴルフ場開発計画で生息環境が狭められるとして、九五年二月に提訴された鹿児島地裁の裁判では、国の特別天然記念物アマミノクロウサギなどが原告で県知事が被告になっていた。裁判は、住民らが動物を代弁する形で進められたが、二〇〇一年一月二十二日の判決では、原告適格が認められず、訴えが却下された。「門前払い」にされた形だが、判決の中で「原告らが奄美の自然を代弁することを目指してきたことの意義が認められると言ってよい」と指摘。「自然の権利」という観念について、問題提起したことを評価するものだった。

一方、諫早湾干拓事業の見直しを求める「ムツゴロウ裁判」は、九六年七月、長崎地裁に提起された。原告は、ムツゴロウを始め水鳥のズグロカモメ、ハマシギ、カニのシオマネキ、二枚貝のハイガイなど六種類の生き物や自然環境で、代弁者の住民らが潮受け堤防工事の差し止めと事業の見直しを訴える裁判を起こした。被告は国だ。人間と同じく自然の生き物にも存在する「権利」があるという考え方。自然の権利は、生物多様性を守るという考え方からすれば、「認知」されるのが時代の流れに沿うものではないか。

アメリカでは、こうした権利を認める考えが受け入れられて、希少な魚を保護するためダム計画が一時的に中止されたケースが出ている。七〇年に国家環境政策法（NEPA）が施行され、公共事業のアセスメント制度が整備された。さらに七三年には「絶滅に瀕する種の保護法」ができた。これ以前にも同様のものが存在したが、生態系の危機が増大する中で、貴重な生物を保護するため、国際的な商取引を規制する「絶滅の危機にある野生生物の種の国際取引に関する条約」（ワシントン条約）が七三年に締結されたこともあり、規制内容を新たに加えた「種の保護法」が生まれた。

小さな希少種の魚が、ダム建設を一時的に中止に追い込んだことで有名なのは、コロラド州リトルテネシー川のテリコ・ダム工事の影響を受けるスネイルダーターという魚をめぐっての裁判だ。スネイルダーターは巻き貝を餌にするスズキの仲間の種。豊かな恵みをもたらす農地が水没することやチェロキーインディアンの聖地保存という要素も加わって、一九七八年に連邦高裁で建設差し止めが言い渡された。

諫早湾干拓事業は、太平洋戦争直後の食糧難の時代に発想された巨大な開発事業構想だが、四十年余りの間に、長崎県南部地域の総合的な開発構想から諫早湾沿いの地域を高潮や洪水の災害から守るというプロジェクトに変えられた経緯がある。四十年余りの間に、国内では貴重な生物とその生息環境を守ろう、という機運がどれだけ盛り上がっただろうか。

広がる支援

漁場の環境を守るためや、大分県臼杵市の風成《かざなし》地区のように「セメント工場の粉塵《ふんじん》公害」防止のため、住民らが自ら環境を守ろう、と進めた運動は数多いが、生き物との共生を前面に出した住民運動は、九〇年代になってから全国的に広がった。

諫早湾干拓事業の見直しを求める「ムツゴロウ裁判」の原告団に参加を呼びかけたのは、干潟の美しさや恵みをもたらす魅力にひかれて清掃ボランティア活動を続けている島原半島・愛野町の農業資材販売業、原田敬一郎さんらだった。一九七〇年代から干拓事業の見直し運動にかかわってきた諫早市の山下弘文さんや、諫早湾干潟研究会の富永健司さん、日本野鳥の会会員で長与町に住む執行利博さんらも加わり、合わせて六人になった。干潟が魚介類の産卵場で、ゆりかごとして重要であることが強調されたが、漁業権消滅がからんで反対運動が活発だった時代には、関係する漁協組合員や有明海沿いの佐賀県などの漁民らが中心だったから、労働組合員らも支援の輪に加わった今回の訴訟とは、やや構図が異なった。

ムツゴロウ裁判は、裁判所での証言や事業を進める中で行政が積み重ねたデータを引き出していくねらいもあった。情報公開法が整備される前だったからでもある。裁判を通じて農水省の担当者とのやりとりを重ねる一方で、干潟の生物の観察や清掃活動を続けて自然環境の魅力を参加者らに訴えた。

干潟を守る運動が、電脳社会らしく、インターネットによって広がっていったことも見逃せない。もはや漁業や農業に関係する人々や自然保護に深い関心を持つ専門家など、限られた人々だけの問題ではなくなった。干潟の保護運動に加わったメンバーも、多彩な人脈を広げた。山下さんが、全国的に干潟などの保護運動に取り組んでいる「日本湿地ネットワーク」の代表を務めていたほか、身体障害者の生活道具製作を手がける工業デザイナーで「バリアフリー社会」に詳しい光野有次さんら個性豊かな人々がいた。

光野さんらは友人の弁護士を通じ、国会議員らを動かして超党派の「諫早湾を考える議員の会」の結成にこぎつけた。「ムツゴロウ裁判」の原告団長を務める原田さんは、いい意味でのパフォーマンスが得意で、ギターを弾きながら、干潟保護を訴える自作の歌を集会の合間に披露した。映画「幸福の黄色いハンカチ」のひとコマをまねて、黄色い布に思い思いの諫早湾へのメッセージを書いてもらって干潟に旗を立てた。

黄色い旗の下、干潟に海水をまく市民団体のメンバー(97年5月)

九七年四月の潮止めの後、干潟の保全を求める住民グループは「諫早干潟緊急救済本部」

（山下弘文代表）の看板を掲げて、事業の見直しを求める全国的な署名活動や「干潟の生き物を救え」というキャンペーンを始めた。救済本部には「干潟の生き物を守る運動に役立ててほしい」と各地からカンパが寄せられた。集会などには参加しないが、地道に自然観察を続けて、変貌する様子を記録し続ける研究者らもいた。

日本一のシギやチドリ類飛来地であり、ムツゴロウやシオマネキ、ハイガイなどユニークな生き物がすむ干潟が消滅に向かう危機感からか、諫早湾では九七年四月下旬ごろから「生き物救出作戦」と銘打った催しが開かれた。干潟に関心をもつボランティアらが全国各地から駆けつけた。潮流が遮断され、干陸化が進む中、親子連れでやってきて、軟らかさが残る干潟にひざや胸まで埋まりながらムツゴロウやシオマネキを探す人々がいた。生き物を保護する気持ちでは地元の干拓推進派の人々も変わりはないのだろうが、問題は、干潟の多様な価値に気づいて、それをどう保護し、活用するかという発想が生まれるか否かだろう。

干潟を守ろうというイベントへの参加だけでなく、諫早湾干拓事業の現場を自分の目で確かめたいと遠くから駆けつける人たちもかなりの数にのぼった。タクシー会社によると、潮止めの後、干潟が変わり行く様子を撮影したいというテレビ局などのスタッフだけでなく、自然観察などに興味がある人々がタクシーをチャーターして、現地を見て回る例が多かったという。長崎県内の自治体の行政視察に訪れた、福岡県内の町議会議員らが、ついでに干潟の現状を見たいと訪れたこともあった。

干潟の再生を求めて、排水門を開けて海水を入れるように政府に要望する意見書を議決するケースも相次いだ。運動への関心は、こうして少しずつ全国に広がった。

干潟は政争の具か

超党派議員団の結成

諫早湾干拓事業の潮受け堤防仮閉め切りをきっかけに、干潟への関心が高まり、無駄な公共事業を見直す動きが活発になった。インターネットなど情報通信技術の普及もあって、住民グループの連携も広がりを見せた。干潟の再生と事業見直しを訴えた諫早干潟緊急救済本部（山下弘文代表）が、世界自然保護基金日本委員会（ＷＷＦＪ）や日本野鳥の会、日本自然保護協会、日本湿地ネットワークに呼びかけた結果、一九九八年から毎年四月十四日を「干潟を守る日」として野外活動をすることを決めた。

「諫早湾閉め切り一周年」を記念して東京・代々木公園野外ステージで開かれた「干潟を守るフェア」で発表した。全国的な環境保護団体が、毎年四月十四日を「干潟を守る日」として活動で位置づける宣言だ。宣言文には「干潟の価値を知り、貴重な干潟をこれ以上失うことのないように守りながら共に生きていく道を選ぶ」、「二十一世紀は生物との共存が最大の課題となる。干潟を中心とするウエットランド（湿地）の保全と賢明な利用に声をあげていく」などの文言を盛り込んだ。その後も野鳥観察や潮干狩りの場、魚介類の産卵場などとして貴重な干潟が開発で消えるのに歯止めをかけよう、と運動の輪が広がった。

一九九七年四月の潮止め前後、各政党や日本弁護士連合会（日弁連）、作家らの日本ペンクラブなどさまざまな団体の諫早湾への視察や調査が相次いだ。当時は橋本内閣だった。二〇〇〇年四月に亡くなった後任の小渕恵三首相と異なって、赤字国債の発行などによって膨らんだ財政赤字を減らす財政構造改革路線に力を入れていた。政治の課題は、省庁の再編による行政改革、環境問題、公共事業の無駄をなくして財政再建の方向づけをできるかどうかだった。

また干拓事業見直しを求める住民グループ諫早干潟緊急救済本部（山下弘文代表）らの働きかけもあり、九七年五月十二日に超党派の国会議員らで結成した「公共事業チェックを実現する議員の会」が諫早湾干潟と干拓事業の現場を視察した。民主党は当時、菅直人氏と鳩山由紀夫氏の二人が代表を務めていた。「公共事業チェックを実現する議員の会」には、菅代表や社民党、共産党の議員らも加わった。

この視察の後、九七年五月十四日、「公共事業チェックを実現する議員の会」のメンバーらが中心になって、超党派の国会議員ら約六十人が「諫早湾を考える議員の会」を発足させた。この中には社民党の秋葉忠利代議士（のちに広島市長）らが参加していた。

民主党は、官僚主導型の公共事業の進め方を改めて長期的な事業について国会で議決、再点検できるようにする「公共事業コントロール法案」を党として提出するために積極的に動いた。菅代表（当時）は視察の後「諫早湾の干拓工事が全国民に提起した問題が浸透し、公共事業見直しの動きが本格的なターニングポイントになりつつある」と述べた。公共事業を中止した場合、自治体が国

民主党・菅代表（当時）の視察（97年5月）

の補助金を返還しなくてもよい仕組みに改めることの必要性も指摘した。その後、公共事業コントロール法案は、実質的な審議入りをしないまま廃案になってしまった。

共産党の不破哲三委員長（当時）や社会民主党の土井たか子党首らも諫早湾を訪れた。共産党は、事業見直し運動にかかわってきた住民らの訴えに耳を傾け、地元の市議会などでも「干潟の再生のため排水門の開放を」と訴えた。

社民党は、秋葉忠利代議士らが事業見直しを求める立場で動いたのに対して、地元の社民党系の県議会議員や市議らは「防災のための干拓事業であり、排水門の開放は難しい」という姿勢で、地元との温度差が目立った。このため土井党首らが九七年五月十八、十九日に現地視察をした時にも、歯切れのよい話は聞かれないままだった。視察の後、社民党長崎県連合には「何で干潟を守ると言えないのか」「これまで支持してきたのに情けない」など批判の声が電話で寄せられたという。

一方、当時の政権与党の自民党は、九州選出の江藤隆美氏（宮崎県）や党農林部会の松岡利勝・部会長（熊本県）らが五月半ばに視察団を結成して、干拓事業の現場を見て回った。推進派の地元の農家が、防災や排水不良解消のため、干拓の必要性と潮受け堤防の排水門を開放して海水を入れることのないように強く訴えたのに対して、松岡氏は「自民党ある限り排水門を開けることはやらない」と強い調子で答えた。「災害に苦しめられた諫早の事情や（干拓の）経緯が分かれば責任ある政治家として排水門を開けろ、とは言えない。ムツゴロウの命と引き換えに二万人、三万人の命や財産を犠牲にしてしまう」と述べた（九七年五月十七日付朝日新聞）。

松岡氏は農水省ＯＢ。同党農林部会、いわゆる農林族は、二〇〇〇年に厚生省が健康づくりプランをまとめる際、たばこの喫煙者率を将来半減させたい意向を盛り込んでいたのを、葉タバコ生産者らへの影響を考慮して撤回させたこともある。

松岡氏らのこうした発想は、業界の意向に配慮した利益誘導型の政治手法の典型的なものである。広い視野に立てば、環境や健康は何びとにとっても一番大切な存在のはずだ。なぜそんな発想が生まれるのか、不思議でならない。視察団のメンバーらは「地方は都会と比べて社会基盤整備が遅れている。公共事業に頼らざるをえないところが多い」と主張した。

潮受け堤防は洪水を防げない

諫早湾を考える議員の会は、国会議員の国政調査権に基づいて政府に質問主意書を提出、国側の回答を受けた。質問と回答をまとめた冊子「国営諫早湾干拓事業問題の争点＆政府答弁の問題点」によると、専門家の見解では諫早大水害と伊勢湾台風並みの高潮が同時襲来する可能性は確率的に極めて低い。諫早大水害の被害のほとんどは本明川の上流四キロ以上での洪水や鉄砲水が原因であり、潮受け堤防で諫早大水害級の被害は防げない。高潮対策については建設省（現、国土交通省）が計画を策定している。平野部の排水対策では、潮受け堤防が無力であることは最近の大雨で証明されており、高機能の大型ポンプを設置すれば足りるとしている。

農水省は、干拓事業で消失する干潟の面積は有明海干潟全体の七％で、鳥類の餌になる底生生物の豊富な干潟はほかにもあるから、有明海や東シナ海の漁業への影響はない、としているが、専門家らの見解では消失する干潟は有明海の約一六％、現存する全国の干潟の約六％に相当する。

生物の種類の多様性や渡り鳥の飛来数など干潟の特性を残すのは諫早湾干潟を置いてほかにない。自然の浄化力は、住民の暮らしに計り知れない恵みを与えている。諫早湾干潟の消滅は、大きな漁業資源の喪失でもある。稚魚や幼魚を育む魚の揺りかごであり、揺りかごの喪失は有明海や東シナ海の漁業へ大きな影響を及ぼすとされている。農水省が、干潟の消失が及ぼす他の海域の漁業資源への影響調査や、干潟の浄化作用についての調査データを持っているのにもかかわらず、明らかにしていない点は問題だ、とも指摘している。

幻の論議

地元の諫早市議会では、国会の党派とは少し異なる立場で防災効果についての議論が展開されるケースもあった。一九九八年三月四日、国の諫早湾干拓事業で閉め切られた調整池の水質保全策について、自民党会派議員が「潮受け堤防の排水門を開閉して海水を入れることが水質保全策としてベストだ」として代表質問で市側の考えをただしたが、約五時間後に同僚議員らが「党の方針にそぐわない」と指摘したため、五日午後の本会議で質問と市側の答弁が取り消された。「会派の意思統一が不十分だった」と同党市議団は弁明したが、議会は一時的に空転した。

代表質問したのは古川利光氏。「潮受け堤防と内部堤防の建設を推進すべきだ」と述べた上で「上空から見ると潮受け堤防の内と外では水質が違うのが歴然としている。水質保全のベストの方法は、内堤防を完成させ、防災効果を確認した上で排水門を開閉することだ。排水門開放が必要な時期が来る」と指摘した。

これに対して吉次邦夫市長は「排水門を開けた場合、速い潮流で泥が巻き上げられ漁業に影響する。農業用水確保のため調整池の淡水化が必要だ。流入した潟《がた》が堆積して排水が困難になる」と農水省の方針に沿った答弁をした。

「排水門の開閉による水質浄化と環境保全」は古川氏の持論だが、同僚議員らが発言の内容に問題があると指摘したのは三月四日の代表質問終了後だった。このため五日、古川氏の発言取り消しをめぐって議会運営委員会で話し合われたが、「不穏当な部分もない。会派内の問題だ」と反発する意見が出た。結局、古川氏が「排水門開閉は個人的見解。党の方針になじまない」として取り消しを求め、多数決で許可された。

幻の論議となった調整池の水質は、九州農政局の調査によると、化学的酸素要求量（ＣＯＤ）の場合、主な三地点で九七年十二月下旬以来環境保全目標値の五ppmを上回る状態が続いた。この時、同局諫早湾干拓事務所は「工事の途中の段階。できる限りの手はうっている」と話した。

日弁連も提言

日弁連も、九七年五月下旬に諫早湾の現地視察をした。諫早市長や小長井町のタイラギ漁民らと会って意見を聴いた上で、同年十月下旬に、干拓事業の中止と潮受け堤防の排水門開放を求める意見書を、農水省と環境庁（現、環境省）に提出した。

意見書は百十一ページにわたってまとめられていた。この中で、干拓事業は、土地改良法と公有水面埋立法に基づいて進められているが、主権者である国民から選ばれた議員で構成される国会の関与が予定されておらず、民主的統制がとれていないのは問題だとしている。土地改良法に基づく土地改良事業長期計画は、農政審議会の意見を聞いた上で農林水産大臣が策定し閣議で決めれば済むからだ。提言として①事業計画をまとめる際は、情報を公開し住民ら利害関係人を計画決定手続きに関与させる②開発によって環境を損なわないなど環境配慮事項を設ける③事業中止のための明文規定を設ける④中止した場合、補助金償還で地方自治体に負担をかけないような対策を講じるなどを挙げた。

また日本ペンクラブは、潮受け堤防の仮閉め切り工事を受けて、九七年六月五日、梅原猛会長や加賀乙彦副会長らが東京都内で記者会見し、排水門を開放して海水を入れるように求める声明を発表した（六月六日付朝日新聞）。それによると、「文学をはじめ、芸術、日本人の感受性を培ってきた『美しい日本』の自然を、これ以上破壊し荒廃することを黙過できません。諫早湾の自然は何百何千種もの生命が息づく海の揺りかごであり、世界的な自然遺産だ」と評価した。そして「政府および関係各位が、これまでの経緯やメンツにこだわることなく、一日も早く水門を開放し、国民的な議論に付して問題を改めて考えていくべきではないか」とも訴えていた。

哲学者でもある梅原会長の体調が悪かったという事情もあって、ペンクラブのメンバーらが現地

ひからびたムツゴロウ（諫早市沖、97年6月）

の諫早湾を視察に訪れたのは、翌年の九八年五月十一、十二両日になったが、現地を訪れた梅原会長は、閉め切られた後に湾奥部の水位が下げられた結果、干陸化が進んで無数の貝などが死滅しているのを受けてショックを受けた。氏は、その後も数度諫早に足を運んで執筆の取材をされたが、諫早湾干潟の保護と干拓事業の見直しを訴える運動に取り組んでいた山下弘文さんの案内で干潟を歩いていて、軟らかい潟土に足がはまり込んだ際、すぐそばでムツゴロウが死んで行く姿を見たというエピソードもある。梅原会長は、カニやムツゴロウ、貝などが殺された現場を見て「干潟を中継地にしている渡り鳥も死ぬに違いない。日本人のほとんどが少なくとも形式的には仏教徒だ。仏教の第一の戒は殺生戒であった。罪の意識もない。貝の霊を弔った古代人のあのやさしい魂はどこへ行ってしまったのか」と嘆いていた（九八年七月一日付、朝日新聞夕刊への寄稿）。

梅原氏はその後も、ムツゴロウにこだわり続けた。二〇〇〇年には新作のスーパー狂言「ムツゴロウ」を書き、それが十二月下旬に東京の国立能楽堂で初上演され、話題になった。諫早湾干拓事業を批判する内容で、干拓地で生き延びたムツゴロウ一家が、三十年後にゴルフ場になった干拓地で人間に逆襲するストーリーという。

岐路に立つ運動

それぞれの道へ

諫早湾の広大な「干潟」は、九七年の潮受け堤防の仮閉め切りの後、潮流が来なくなったため、大雨が降らない限り水に浸からなくなった。干潟だった水域のうち一千ヘクタール余りの区域で乾燥が進み、雨による浸食などでしょっぱさが少しずつ抜けていった。干陸化が進んだ結果、川から流れ込んだり風で飛んだりした草の種子が芽を出してヨモギやセイタカアワダチソウなどの植物が自生した。塩分が薄くなった場所では草原のような景色に変貌した。

三年余りが経過した二〇〇〇年夏には、諫早市の本明川河口沿いで、少数だがセンダンやクサギの木が自生するようになった。ヨシ（アシ）原ではコガネグモも観察され、カラスウリも川辺に生えた。ことにヨシの繁殖力が強く、冬場にはアシを主体にした枯れ草で覆われ、たばこの火を投げ捨てれば火事になるおそれがあるほどに、環境が大きく変わった。干潟の環境が激変した結果、調整池の水質が、生活排水の流れ込みなどによって悪化したり、諫早湾口部での漁業の不振が続いたりしている。「干拓事業の影響だ」と指摘する声は、少しずつ大きくなっている。

潮止め前の出漁風景（諫早市沖、96年11月）

干潟の再生と事業見直しを求める住民運動は、潮受け堤防の仮閉め切り工事をきっかけに全国的な広がりを見せたが、地元の長崎県内を中心に輪を広げていた運動組織が、闘いの進め方などの方針の違いからいくつかに分かれた状態になった。

潮止め前から干潟の保全を求める活動を続けていたグループとしては、日本湿地ネットワーク（山下弘文代表）など全国規模の組織のほかに、地元には諫早湾干潟研究会（富永健司代表）や「自然の権利訴訟」原告ら、干潟の清掃活動を続ける「むつごろうファンクラブ」、自然観察や記録をまとめる活動を進める諫早自然保護協会などがあった。

潮止め直後には、干拓事業見直しを求める運動団体として「ムツゴロウ裁判」の原告らを中心メンバーとした「諫早干潟緊急救済本部」が発足。湿地ネットワーク代表で、長年にわたって干拓事業の見直し運動にかかわった諫早市の山下さんの自宅を拠点に活動を続けていたが、運動が長引くにつれて、九七年秋ごろから足並みに乱れが出始めた。「ムツゴロウ裁判」の原告などにも、山下さんらとは別のやり方で干拓事業見直し運動を進めようという人々がいたからだ。「救済本部」と別のグループは、「公共事業見直しの世論の輪を広げよう」と、賛同者を募って新聞への意見広告を出す活動を続ける「諫早湾『一万人の思い』実行委員会」を立ち上げるなどした。

二〇〇〇年七月には、約三十年間も干拓事業の見直しと干潟を守る運動にかかわってきた山下さんが、急死した。諫早干潟緊急救済本部は、山下さんの妻八千代さんが受け継いでいるが、住民運動が今後どうなるか、ほかの組織を含めてしばらくは地元で模索が続きそうだ。

運動、藤前干潟で成果

諫早湾干拓事業の見直しを求める運動は、地元では、「防災と農地造成のために必要」という根強い推進論が厚い壁になっているが、多くの人々に干潟の役割と保全の大切さについての関心を向けさせたほか、効果的な公共事業のあり方をめぐる論議を広げた点では、大きな成果を上げた。

例えば名古屋市が、藤前干潟の一部を埋め立ててごみ処分場にするプロジェクトについて、同市が撤回することになったのも、環境庁が、諫早湾の干拓事業で農水省に干潟を保全するように注文を付けられなかった反省から、名古屋市に働きかけたため、と言われている。

日本で最大級の渡り鳥飛来地としても重要だった諫早湾の干潟が、干拓事業で消滅することになって、自然保護運動に携わっている非政府組織（ＮＧＯ）のメンバーらから「諫早湾干拓で自然保護上の問題点が指摘されながら、環境庁は農水省に何も注文を付けられなかった」として、存在意義を問われた。環境庁は「長崎で被らされた汚名を尾張で返上したい」という意気込みがあったのだろう。藤前干潟の開発計画では、保全の方針を強調したと言われている。

長崎県内での干拓事業見直しの住民運動は、干潟の価値を見直そうという立場の人々が、既存の組織にとらわれることなく参加したことで盛り上がった。事業見直しの住民運動の中心的存在のグループ・諫早干潟緊急救済本部の事務局は、諫早市の山下弘文さん宅の裏庭にプレハブの仮設事務所を構え、潮止め後一年余りはボランティアらが寝泊まりした。干潟を見にいきたいという人々にアドバイスしたり、研究者らの案内役を引き受けたりした。全国から運動資金のカンパが寄せられ、会報を発行した。

それが「分裂」状態になったのは、運動が長期化した結果、仕事を犠牲にしてボランティア活動を続けることに限界を感じて「自分たちのペースで運動を続けたい」と考えた人々との間で、運動方針が少しずつ食い違ってきたため、と見られている。「事業見直し派」が目指すのは、同じく「干潟再生」だったが、方針の違いをめぐる人間関係のあつれきなどもあったという。

農水省中間報告書の「欠陥」

繰り返しになるが、九七年四月の潮止め工事前のころ、事業見直しを求める住民団体は、干拓事業の問題点を洗い出すため、さまざまなルートを通して情報収集を続けた。同年一月末ごろには、農水省側が以前にまとめた資料を山下さんらが入手し、それをもとに「防災効果に疑問がある」と問題提起した。一九八三年十二月に農水省が設けた専門家らの「諫早湾防災対策検討委員会」がまとめた「中間報告書」である。事業計画を練る上で、湾奥部をどの程度の規模で閉め切れば事業効果が上がるのかについて、比較検討したものだ。極秘文書ではなかったが、一般の住民の目にふれる機会が少なかったという。

その文書では、五七年七月二十五日、一日雨量が八〇〇ミリを超える豪雨により、湾沿いで死者六百八十人、全壊家屋二千二百五十戸などの被害があった「諫早大水害」の再発防止策として干拓事業を位置づけている。諫早大水害の時の気象条件を前提に、いかにすれば高潮や洪水への防災効果を発揮できるか、潮受け堤防などの高さや閉め切り面積について比較検討したものだ。報告書の結論では、閉め切り面積を三千九百ヘクタール（現実は三千五百五十ヘクタール）にして、新たに造成する干拓地を遊水地として利用しても床上浸水家屋が九十戸にのぼるとしている。

一九七七年度にスタートした長崎南部総合開発計画（通称、南総計画）は、諫早湾外の漁民らの反対で八二年度に断念に追い込まれた。しかし八二年夏に長崎水害が起きたことや五七年七月の「諫早大水害」を繰り返さないという名目で、「防災干拓事業」が計画されたのだった。長崎水害は、長崎市内で崖崩れや河川の氾濫《はんらん》が相次いだ記録的な災害だが、諫早湾とどう結びつくのかという疑問がわく。問題は、潮受け堤防や調整池を設ける複式干拓にした場合、湾奥部をどの程度の広さで閉め切り、干拓地や調整池を設ければ安いコストで洪水調整の役割を果たし農業が採算に合うか、だった。

報告書では、諫早大水害の時の豪雨を想定して閉め切り面積をどの程度にすればよいか比較検討している。閉め切りの規模として三つの案が比較された。①四千六百ヘクタール（このうち干陸化は二千四百ヘクタール）②三千九百ヘクタール（このうち二千百ヘクタール干陸化）③三千三百ヘクタール（②と同じ）の三通りだ。

報告書では、四千六百ヘクタールを閉め切る案では「湾外漁業者らの意向から事業実施はかなりの困難が予想される」として「合意可能な規模が三千ヘクタール台であることを考慮してさらに規模を縮小することの可能性を検討することにした」と説明している。閉め切らないままだと、「諫早大水害」のような大雨が降った場合、床下浸水が千三百六十戸、床上浸水三千十戸の被害が予測されるが、三千九百ヘクタールを閉め切った場合、床下浸水百八十戸、床上浸水九十戸になると計算した。新たに造成する干拓地を遊水地として利用することが可能としても、諫早平野の住宅や田んぼなどが浸水したり冠水したりする被害は完全には解消しないというわけだ。

さらに報告書では、干陸地（干拓地）には河川から流れ込む水があるため、後背地から干拓地へ自然流下することは不可能。巨大なポンプでの強制排水でしか対応できない、と指摘していた。

諫早湾防災対策検討委員会の「中間報告書」は、八三年にまとめられた段階で長崎県議会にも報告されている。新聞も報じているが、「防災上問題がある」という指摘に絞って議論を深めるまでに至っていなかった。

九七年夏と九九年夏に大雨が降った時、まだ干拓地を取り囲む内部堤防はできておらず、三千五百五十ヘクタールが調整池の役割を担ったが、それでも諫早市内の幹線道路が冠水した。とくに九九年の大雨では市内全域に避難勧告が出された。防災効果は「干拓推進派」の農家や行政が期待したほどではなかったということが事業の途中で証明されたようなものだった。

大雨で田んぼが冠水したり市街地で道路が水浸しになる被害が出たことについて、農水省は「潮受け堤防で閉め切られた調整池がなければもっと被害が広がったと予測される」と釈明。事業を見直そうとすらしなかった。

干潟の乾燥を早めるための溝堀り（98年７月）

山下さんの死

干陸化した「干潟」には塩分が含まれ、雨などで溶け出した。しばらくの間は調整池の塩素イオン濃度が一時的に下がって、淡水化が進んだかのような観測データが示されたかと思えば、大雨などで干潟の土に含まれる塩分が溶けだして塩素イオン濃度の観測値が再び上昇する現象が繰り返された。このため九州農政局諫早湾干拓事務所は、干陸化を進める一方、潟土《がたつち》の塩分を抜く効果をねらって干陸化部分の東西方向に五メートルの間隔で溝を掘る作業を進めた。九七年秋ごろだ。

干拓推進派の地元自治体や住民らは、高潮や洪水被害を防ぐことができるとして事業の目的を強調した。議論が対立すると、「ムツゴロウの命と人間の命のどちらが大切か」と感情的になって推進論を訴える場面もあった。

事業見直し派の住民団体の訴えは、潮受け堤防工事の完成に向けて突き進む農水省や干拓推進論の壁を突き崩すには、至らなかった。

潮止めから丸二年経過した九九年四月、諫早市在住の「諫早干潟緊急救済本部」代表、山下弘文さんは、長崎地裁で係争中の「自然の権利訴訟」の原告をおりた。「ムツゴロウ裁判」は、山下さんら六人が干潟の生き物の権利を代弁する形で、一九九六年七月に長崎地裁に提起され、それまで十二回の審理が開かれた。奄美の「アマミノクロウサギ訴訟」と同じくムツゴロウやシオマネキなど自然の生き物を代弁する形で裁判が進められており、山下さんは「諫早湾」の役を担っていた。

原告をおりた理由について、「潮受け堤防の排水門を開放して干潟を早く再生させられるかどうかは、政治的な問題になっている。農水省などと話し合いのテーブルを用意してもらうことも可能と思うが、国を相手に裁判している人物とは会わないだろうと考えた」という。裁判については「国側の工事資料や前・九州農政局諫早湾干拓事務所長の証言を引き出すことができたが、長期裁判になりそう」だと見ていた。

山下さんは「干潟が発達して後背地の水田などの排水が悪くなるのであれば小規模な地先干拓は必要だ。だがムツゴロウやカニ、ゴカイなどの干潟の生き物の生態系を壊す大規模な事業であってはならない。浄化能力が失われ、魚介類の産卵場がなくなれば有明海の漁業などにも大きな影響が出る」と強調していた。

原告を辞めた後も、各地の自然保護運動の催しに出かけて、諫早湾の現状や干拓事業の問題点を訴えてきたが、島根県の中海干拓事業で本庄工区が事業凍結される動きが出た二〇〇〇年七月に、運動の疲れからか急死した。

干潟保全を求める住民運動では、生き物たちの営みで水が浄化される仕組みなどにも関心が集まるようになった。潮止めの後、諫早湾には「干潟の生き物の救出を」「干潟の再生を」「むだな公共事業はやめてもらいたい」などという熱い思いを持った人々が、全国各地から訪れた。

公共事業のむだをなくす議論の高まりで、農水省は事業の再評価制度「時のアセスメント」を導入したものの、「着工から五年ごとに対象とする」という条件が付いたため、諫早湾干拓事業については、実施時期が二〇〇一年度になった。問題解決を先送りした形だ。

その一方で一九九八年度から干拓地を取り囲む内部堤防の工事を始めた。内部堤防が完成すれば、「干潟」だった区域が干拓地になり、仮に排水門を開放して海水を入れても、干潟として再生させるのが難しくなる。

このような状況の中で干拓事業見直しを求める住民運動は、潮止め工事の後、干潟再生の道が険しくなる事態が続き、打開の糸口が見つからないままだ。新しい組織も生まれ、いくつかに分かれた状態になった。

「やり続けるしかない」

このうち「諫早湾『一万人の思い』実行委員会」は、「諫早湾干拓の問題点が忘れられないように」と、賛同者らのメッセージを、新聞への意見広告や本として出すなど独自の活動を地道に続けている。

「『一万人の思い』実行委員会」には、干拓事業の見直しや干潟の保護運動にかかわった経験が比較的浅い人たちも多く含まれていた。「実行委員会」のメンバーによると、長い間干拓問題と取り組んできた山下さんらとの関係が、九七年十月半ばごろからぎくしゃくし始めた。当初は一カ月ぐらい生活を犠牲にして頑張ってみよう、と話し合って取り組んだが、事業の見直しの動きは出てこなかった。日々の暮らしがあるため、「救済本部」の事務所に毎日顔を出して活動に参加できなくなると、非協力的と内部で見られることがあった。このため潮止めから半年後には緊急救済本部を解散しようという話も出たという。

干潟の魅力を多くの人に知ってもらおう、と潮止め前から毎月末に「干潟の掃除」を続けていた愛野町の農業資材販売業、原田敬一郎さんらは、潮止め後も活動を続けている。潮止めから三年が経過した二〇〇〇年春は、干潟再生を願う人々が集い、語り合う場所となっている諫早市白浜町の本明川河口沿いの草刈りが中心だったという。

「ムツゴロウ訴訟」の原告でもある原田さん。「子供が一日中遊べた干潟はいま、ヘビや蚊がすむようになった。以前漁師だった人から聞いた話で感動したのは、夕飯のおかずを何にするか決める時に、近所からネギをもらった際など、伝馬船に飛び乗ってアゲマキをとりに行っていたという話。食うことには不自由せん海じゃったということだった。緊急救済本部のメンバーが別々の活動をするようになったと言っても、そんな干潟を取り戻そうという願いは同じ」

原田さんらは、「ムツゴロウ裁判」で干拓事業の問題点を指摘し、農水省側からさまざまなデータや行政情報を提出させて見直しを主張してきた。その一方で、農地を県の公社が買い取って入植者に貸す方式をとった場合、さらに県民の負担が増える見込みで、「県費の不当支出にあたる」として二〇〇〇年七月、県監査委員に住民監査請求をした。

「流れ込む生活排水などを浄化する役割をしていた湾奥部の干潟が閉め切られた後、干陸化したり調整池になって水質が悪化。汚染源になっている。裁判が長引いて時間がたてば干拓事業の問題

干潟の清掃をする見直し派の人々（諫早市、97年３月）

点を示す証拠になってくる。のどに刺さった小骨のようなものだ。情報公開制度に基づいて県などから資料を取る場合でも、平日に出かけなければできないし、コピー代が高くつくなど悩みもあるが、やり続けるしかない」という。

原田さんは、九九年四月の統一地方選挙で、愛野町議会議員選挙に挑戦、初当選した。告示直前に「無投票阻止を」と急遽《きょ》立候補。「私がこの町に役立つと思うなら支援を」と呼びかけたところ、選挙カーの準備などをボランティアが支援してくれた。「運動は五日間のうち三日間だけ」との自粛申し合わせもあって、費用は一万三千円で済んだ。原田さんはホームページを開設し、諫早湾干拓に関する情報を発信したり町議会での一般質問のやりとりを利用者らに発信したりしているという。

問題点が数々指摘されている干拓事業の見直しと干潟再生を訴える声は根強い。

原田さんは、愛野町議会で、一九九九年夏の集中豪雨で町内の干拓地が排水不良のため水浸しになった問題を取り上げたことがある。「河口ダムの役割をする調整池は、水位が海抜マイナス一メートルに保たれているから排水はよくなる、と言われていたが、潮受け堤防の排水門からの放流は、海側が干潮の時しかできない。大雨になれば調整池の水位も上昇する。河や潮流が運んでいた土砂も、潮止め後は河口付近に堆積しやすくなって土砂のしゅんせつが必要になった」と事業の問題点を指摘した。

こんな防災効果の問題点が指摘されても、九州農政局では「潮止め前よりも改善されたはずだ」と型にはまった答えしか返ってこないことが多かったという。

事業そのものを問い直せ

調整池の水質が悪化している問題で、九州農政局の干拓事業担当者に、「発がん性があるとも言われるプランクトンのアオコが発生したらどうするのか」と質問した。答えは「アオコを除去する装置を導入します」というものだった。環境が悪くなったら、それを改善するための予算をつける。水質悪化のきっかけをつくった事業そのもののあり方を問い直すことなく、屋上屋を重ねるように税金を投入するのは、納税者から見ればおかしな話だ。その後、諫早湾奥部には一時的に、酸素を水中に送り込むための水流発生装置とオゾンでアオコを除去する設備をつけた船が試験的に浮かべられた。

二〇〇一年度に予定されている干拓事業の再評価は、つぎ込む費用に対してどのような効果が期待できるのかを中心に分析するものだが、有識者の意見を聴きながら農水省自身が進めることになっている。「水質が悪くなってアオコが発生したら、アオコを除去する装置を購入すればよい」

という発想で公正な評価ができるかは疑問だ。そんな発想では予算も雪ダルマ式に増えるばかりだ。

干拓事業をめぐっては、諫早平野の農家などを中心に「防災と農地の排水改良のために必要な事業だ」という推進論が根強い。だが、潮止め後に起きた、豪雨による諫早市街地の浸水被害や、調整池の水質悪化、潮受け堤防より外側の小長井町沖合などで発生した赤潮による漁業被害、広域に及ぶ有明海のノリ被害、農業情勢の変化をどう考えたらよいのか。農水省の「時のアセス」に任せ放しにするのではなく、地元の自治体なども、独自の立場から検証した上で、干拓事業を軌道修正すべきかを判断した方がよいだろう。その際、住民の意見をよく聴くことが大切だ。

事業見直しを求める自然保護運動は、防災という地元の強い要望があり、「中断は無理」という行政の厚い壁に阻まれてきた。だがノリ被害は、有明海の環境の悪化という深刻な問題を私たちに突きつけた。国内で消費されるノリの三分の一以上を生産する有明海の問題だ。利害関係者は、諫早湾沿いの長崎県民だけではなくなった。干拓事業だけがその原因だとは言えないだろうが、漁業被害を広げる引き金になったことは確かだろう。住民の生命や財産を守ることは軽視されてはならないが、干潟の再生は、子や孫に未来を託す私たちにとって緊急な課題になっていると思う。

終章——そして干潟は……

どちらが賢明か

二十一世紀を目前にして、いま一番に脳裏をよぎるのは、これからの時代、ほんとうに安心して暮らせるかという不安だ。経済的な不安ばかりではない。体の仕組みをおかしくする環境ホルモンの問題などもある。人間が子や孫、ずっと後の世代まで命をつないでいくには、平和で快適に過ごせる環境を維持し、それらを保証する世の中の仕組みを創造していくことが何より大切だ。私たちの命は、地球上のたくさんの生き物たちの営みとつながっている。食料として利用するだけではなく、美しい姿、躍動する姿に勇気づけられる小さな生き物もいる。

二十一世紀、少なくともその初頭のキーワードは、自然といかに共生していくかだろう。

諫早湾干拓事業を考える時、干潟を消滅させたことで失ったものがいかにも大きい。得るものと比べても、長い目でみた時にマイナスになるのではないか、という議論を十分せず、慎重さに欠けていた印象が否定できない。干潟があった水域で産卵し育った魚介類の資源は、干陸化された後に残った無数のハイガイなどの死骸から想像してもたいへんな価値だった。

事業が正当かどうかを考える時、潮受け堤防が果たす防災の効果と新たに造成される農地でつくられる農産物の生産力が事業効果として計算できる。その一方で調整池の水質をきれいに保つために公共下水道などを整備することも急務だ。干拓事業をしなかった場合、干潟でとれる魚介類や産卵、孵化する水産資源の価値がどの程度あったのか。干潟の貝やカニ、ゴカイ、ムツゴロウなどの底生生物が果たしていた海水を浄化する能力も、下水道設備をつくった場合、いくらぐらいの価値に換算できるのか。こうした要素を数字的に比較できれば、どちらが賢明だったか判断できるはずだ。

干潟が干陸化したことによって、諫早平野の地下水の水位がどう変わったのかも気になる。潮止めで潮受け堤防から奥へ約五キロのところまで満ちてきていた潮が届かなくなった。いわば「河口ダム」である調整池の水位が、ふだんは低くなったことで地下水の水位に影響が出ることが予想される。旧海岸堤防沿いに歩いて見れば分かるが、堤防の壁面や路面がヒビ割れしている個所があちこちにある。地下水水位の調査は続けられているが、詳しいデータは公表されていない。大きな河川がない諫早地方では、工業用水ばかりでなく農業用水を地下水に依存している地域もある。水位が下がったのであれば事業のマイナス効果だ。調整池の水質がさらに悪化したら、農業用水に使えるかも疑問だ。

シチメンソウなど自然の魅力を求めて行楽に訪れていた人々にとっては、生き物や景観によって元気づけられ、和まされる心理的な価値はお金には換算できないだろう。それらの行楽客が落とす金の恩恵を受けていた飲食店や土産物業者にとっても、干拓事業は負の投資である。

環境影響評価（アセスメント）が法制化されていない時代に計画された巨大プロジェクトとは言え、失われた環境を元に戻すことは容易ではない。後の世代の人々が気づくこともあるかもしれない。ただ、水害の不安に苦しみ続けてきた諫早市とその周辺の人々にとって、干拓事業によってその不安が解消され、農業経営にプラスになるという期待感と、「地元のことによそ者が口出しするな」という意識には根深いものを感じた。事業推進派の動きを取材しようとすると、「いまさらなんで騒ぐのか」と露骨に嫌悪感をあらわにする人たちにも出あった。

だが、潮止めから約四年が経過したいまの状況を見て、どう感じるのか。もう一度問い直してもらいたい。暮らしを支えてきた漁業の不振は、諫早湾口の小長井町など長崎県内だけでなく、福岡県や佐賀県などの有明海全体に広がっている。干拓事業との因果関係については、農水省は認めていないが、「防災事業」という「錦の御旗」の前で事業を受け入れざるを得なかったという漁民も少なくなかっただろう。小長井町で「諫早で災害が発生し人の命が失われたら、と考えると、はんこを押さざるをえなかった」という漁協の幹部の話も聞いた。今は逆に、諫早市など湾奥部の人々が、漁業の不振に苦しむ人たちにどういう姿勢を見せるのか、が問われているように思う。

諫早湾干拓事業は、「一度決まったら、途中で見直されない公共事業の典型」「農業土木技術官僚らのための失業対策事業」などと非難の的になっている。官僚たちの意地の張り合いのために、住民らが賛否論で対立をあおられていたとすれば、悲しいことである。

海の異変が突きつけたもの

農水省は一九九九年十二月、干拓事業の完成年次を当初の二〇〇〇年度から二〇〇六年度に延長することを明らかにした。だが干拓地を造成するために築く内部堤防工事は進んでいる。農水省内部の事業再評価制度（時のアセスメント）で、二〇〇一年度には諫早湾干拓事業も対象になる。

しかし「時のアセス」を待つまでもなく、干拓事業を見直すべきかどうかが、有明海のノリ不作問題をきっかけにして議論されることになった。

公共事業の見直し論議の中で島根県の中海干拓事業の本庄工区計画は、二〇〇〇年夏に中止が決まった。シジミの水揚げが日本一という宍道湖と中海の淡水化とセットで始まった計画だが、干拓堤防ができた後、宍道湖でアオコが発生したりシジミやコノシロが大量死するようになって水質悪化が問題になり、計画が中断されていた。シジミと「ノリ、アサリ、タイラギ」と、産物の組み合わせは異なるが、干拓事業が進む中での環境の異変は、自然が発する警鐘とも言える。

有明海では、二〇〇〇年十二月から二〇〇一年初めにかけて養殖ノリの記録的な不作という事態になった。だからといってノリ不作の要因が、諫早湾干拓事業だけと決めつけるわけにはいかないだろう。だが「クチゾコ」（シタビラメの地方名）やアサリ貝、タイラギなど有明海産で自慢できる魚や貝類の水揚げ量を統計資料で見ると、明らかに減少しているものが目立つ。漁業後継者が減っていることや、水産資源が海の環境で大幅に増減することも考えられるが、有明海沿いでは、筑後川に筑後大堰が建設されたり生活排水が流れ込むなど環境が激変している。そんな中で魚介類の産卵場や「ゆりかご」であり「有明海の子宮」などと呼ばれた諫早湾の奥部が、潮受け堤防で閉め切られた。約三千ヘクタールの広大な干潟の浄化能力は、想像もつかないほど大きかったに違いない。潮止め間もない頃、干潟を取材で歩いてハイガイなどの殻が一キロ以上先まで散らばっているのを見て、そう思った。

潮止め後、潮受け堤防より内側の調整池は、淡水化が進んだが、干潟の泥に含まれる栄養分や塩分が大雨の時などに溶け出してしょっぱさが戻るなどして紆余曲折があった。湾沿いの地域では下水道の普及率が低い。このため水質汚濁の目安となる化学的酸素要求量（ＣＯＤ）や窒素、リンなどの環境保全目標値を達成するのが難しい状況が続いているという。

潮止め後、漁不振が続いたにもかかわらず、農水省は干拓事業によって海の環境がどう変わっているのかを定点観測する「環境モニタリング調査」を、諫早湾奥部と湾口に限定していた。有明海全域に広げれば、海の環境変化がつかめたのかもしれない。定点観測の地点を増やせば費用がかさむことも理由だったのかもしれないが、慎重さが欠けていたのではないか。湾沿いの四県も、干拓事業で有明海の環境に変化がないかという問題意識に欠けていたような印象を受ける。干拓事業の見直しを訴えていた住民団体は、潮止めの後、有明海全体へ影響が及ぶかもしれないと指摘していた。

なぜ「開放」できないのか

諫早湾干拓事業が有明海の環境にどんな変化をもたらしたのか、もしくは無関係なのかについて、農水省や環境省、国土交通省（旧建設省など）が、二〇〇一年度に詳しい調査をすることになった。ノリ不作をきっかけに有明海の環境について総合的な調査が進められることは、いい教訓になるだろう。問題は、潮受け堤防の水門を開放するかどうかだ。消失した干潟の浄化能力を検証するためには、水門を開けるべきだ、と私は考える。

ノリ養殖の漁民らが「干拓事業の中断と水門の開放を」と訴えている一方で、農水省には、諫早湾沿いの自治体や推進派の農家などから「防災効果が発揮されなくなる」という理由で水門開放に反対の声が届けられた。小長井町や瑞穂町など湾沿いの四漁協は「水門を開放すれば急激な潮流が起きて、漁場の環境が悪化する懸念がある」として反対の姿勢だ。

九州農政局諫早湾干拓事務所では「排水門の構造は、潮流を中に入れることを想定した設計になっていない。潮受け堤防を閉め切る前に延長約千二百五十メートルが開いていた時、潮流の速さは最大で毎秒三メートルだった。八基の水門の幅は合わせて二百五十メートル。推定では最大毎秒七メートルの速さになる。排水門の基礎はコンクリートを打っているが、底が洗われる洗掘現象が起きる心配もある」と説明していた。

つまり水門を開放すれば最大予測値で時速二十五・二キロという速い潮流が発生するという計算だ。一時間に何海里（一海里は千八百五十二メートル）進むかという潮流の速さの一般的な単位で言えば最大十三・六ノットになる。第七管区海上保安本部によると、国内で一番速いのは兵庫県淡路島と四国の間の鳴門海峡で最大十・六ノットという。だが、同干拓事務所によると、そういう事態を想定した水理モデル実験はしていないという説明だった。災害では、どんな状況が生まれるか分からないものだ。高潮や大型の台風にも耐えられる設計というのを売り物にした事業のはずだ。ならば潮が水門から入った場合、どうなるか、当然想定して水門や堤防の強度を考えて設計すべきだ。一時的にせよ潮流を復活させた場合、干陸化した区域が再び海水をかぶり、除塩が難しくなるという心配もあるのだろう。

水質の悪化でシジミ漁がピンチに立たされた島根県の中海干拓では、本庄工区計画の中止が決まった後、潮流が入りやすくするため堤防の一部を開削するかどうか、議論されているという。

また欧米では、消滅した干潟や湿地を再生する取り組みが、進んでいる。隣の韓国でも、国の公社が黄海沿いで進めていた始華《シファ》干拓事業で、約一万七千ヘクタールを閉め切って広さ約六千ヘクタールの淡水湖と農地約五千ヘクタール、工業団地、宅地などを造成する計画が進められたが、淡水湖に工場排水や生活排水が流れ込んで水質が悪化したため、着工から約九年後に水門を開けて海水を入れるようにした。潮の干満に合わせて一日二回、水門を開放している。海水湖になった結果、水質が改善され、魚や貝類が戻り、渡り鳥の飛来地になったという（二〇〇〇年九月九日付、朝日新聞夕刊）。

三月十三日、ノリ不作の原因究明などの対策を練る「第三者委員会」の二回目会合で、農水省は、「調整池の水位は五〇センチ以上は上げにくい」などの条件付きながら「水門開放は可能」とする考えを明らかにしたが、要は、漁場への影響が少ないように開放の仕方を工夫すればよいのではないか。激流で水門に影響が出る心配があれば、潮流が出入りしやすいように水門を増設して間口を広くすることも検討すればよい。問題は、干潟だった区域に内部堤防を築いているから、広大な干潟を再生させるのは難しいという点だ。しかし計画通りの規模で内部堤防が築かれた場合、干潟を再生しようとしても干潮時に現れる水域がほとんどなくなり、価値も減ってしまう。干拓推進派の農家が懸念する排水不良の解消のためには、小規模な地先《ちさき》干拓を進め、排水ポンプの増設や旧海岸堤防の嵩《かさ》上げを進める必要があると思う。「地先干拓」は、先人たちの知恵でもあった。

しかし、干潟を再生することと、農家の悩みである排水不良を改善することを両立させるには、現在進んでいる内部堤防の工事を中断した上で、事業規模を縮小することが現実的だろう。一方、潮受け堤防はすでに完成しており、諫早湾口を横断する一般道路として活用するように求める声が、地元の自治体から国に出されている。堤防が、不等沈下しないか、地震への備えは大丈夫かなどの不安もある。安全な湾横断道路ができれば、便利かもしれないが、そんな問題点を解決することが先決だ。さらに潮流を復活させた場合、排水門の数を増やして「調整池」の管理をしやすくする検討も必要だ。洪水などの緊急時に備えるためである。

海を育む、海と生きる

干潟の価値を多角的に見ることが忘れられていたということを指摘したが、山菜や薪などをとるために人々が日々手入れをしてきた里山と同じように、干潟のある海は、貝掘りや魚釣りなどを楽しめる。自然とのつきあい方を心と体に植え付けてくれる空間だ。子供たちが遊びを通し、自然とふれ合うことで、命の大切さや食べ物のありがたみが自然に身につくはずだ。現代っ子たちは、そんなゆとりも好みもないかもしれないが、子供と自然の距離を遠ざけるような公共事業を大人たちが進めてよいのか、問い直す必要がある。自然の営みを知ることは、人間にとって「基本のき」である。そういう意味では、経済的に役立たないからと言ってすぐに海を埋め立てたり里山などにゴルフ場などを開発したりするのは、再考の余地がある。

国内では沿岸漁業が振るわなくなっているが、漁場の環境を再生するため、十年ほど前から漁業者らが、植林して森を育てる取り組みもわずかながら続いている。海藻の光合成を助ける鉄分が森から川を通して運ばれることが分かったためだ（参考『漁師が山に木を植える理由』成星出版）。「森は海の恋人」と呼ばれるゆえんである。「諫早湾干拓では、河川の水は排水門の開閉で有明海に出る」（九州農政局計画部の話）とは言っても、山がはぐくんだ栄養分の変化は、潮の干満があったころと比べれば海の生態系に大きな影響を及ぼしていることは間違いないだろう。

諫早湾の干潟を守る住民運動に三十年近くかかわって、二〇〇〇年七月に急死した山下弘文さんの夢は、カニやゴカイなど多種多様な生き物たちがすむ干潟の自然環境を多くの人々に知ってもらうために、干潟研究所を設立することだった。干潟の価値への評価を見直してもらいたい、という願いからだ。また、かつて公害や開発で汚染が進んだ瀬戸内海の環境を再生させるために特別な立法措置があったように、有明海にもその必要性を説いていた。

失われた干潟を再生させる取り組みは、アメリカやイタリア、オランダなどでも進んでおり、世界的な潮流だ。日本もその流れを十分研究し、乗り遅れることなく、諫早湾奥部への潮流を復活させてもらいたいものだ。

利害を越えて

公共事業の無駄を問題にして議論する時、「地方は道路などの生活基盤整備が十分でなく、都市部とは比較にならない」という反論が出てくる。そういう指摘は確かに的を射ている面もあるが、逆に地方では、ほとんど利用者のない道路や漁港が建設されているのも事実だ。道路ができたことによって、以前は自慢できた自然の景観が、行楽客の落とすゴミで台無しになるケースもある。ましてや閉鎖水域になった調整池の水が汚れたままでは、農業用に利用しようとしても、野菜などをつくるのには向いていない。汚れた水で栽培した野菜などを好んで買う消費者はいないだろう。地域にある自然や生物を資源として上手に生かす工夫をすることが、これから求められるように思う。

納税者や有明海の恩恵を受けている人々から見ると、「膨大な金をかけて防災の効果はあるのだろうか」「干潟は、子や孫たちに受け継ぐべき大切な自然環境だった」などの疑問や意見があるに違いない。諫早湾干拓事業をはじめとする公共事業計画では、そんな国民の意思が反映される民主主義の手続きのルールが不十分で透明性に欠けている。国政選挙で自分の意見に合う政策を訴える候補に投票するのが身近な方法だが、干拓問題だけが選挙の争点ではないから選びにくい。自治体の行政や議会に対して注文を付けたり請願を出す手続きもあるが、選挙の票につながらないと、なかなか耳を傾けてもらいにくいのが実情だ。

アメリカでは、ダム建設をやめた代わりに洪水が起きることを前提にした防災対策に力を入れているという。自然環境への配慮ばかりではなく、公共事業の公益性などを議会や市民が問い直すことを可能とする民主主義のルールがあるから実現したとされる。一部の人々が「公益性がある」と強く主張しても、別の立場から見れば違うケースも多い。権力を振り回して強引に推し進めるのを抑制して均衡を保つ「チェック・アンド・バランス」の仕組みだ。

干拓事業をめぐる議論は、湾沿いの市や町の議会では推進論派が多数を占めているが、自治体の枠を越えて論議されることは少ない。「わが町の利害」だけを強調しては、地域の連帯感は生まれない。いまのままだと、国政選挙で「干拓事業見直し」の政策を掲げる政権が誕生しない限り、農水省自身の手で干潟再生の道が選択されることは、難しいかもしれない。だが、漁場を台無しにされて生活に困る人々が出ているのに、諫早湾沿いの人々が、「自分たちの命の安全が保証されればよい」と、知らんぷりしたり手をこまねいていたりでは、余りにも悲しすぎる。ある意味では民主主義の危機だ。住民負担増につながる膨大な工事費と、環境破壊のつけを将来に回してよいのか、互いに論議し合う場が必要だと思う。

ノリ不作をきっかけにした農水省などの調査結果が、どんな結論になるのかは、予測が難しい。ただ、母なる海である有明海に異変が起きていることは、紛れもない事実だ。

「防災と優良農地の確保」という名目で続けられている諫早湾干拓事業は、潮止めから約四年になる時点で振りかえってみると、さまざまな疑問が出ている。景気浮揚や地域振興のためとは言え、税金の無駄遣いは、許されない。このまま続けて冠水被害が繰り返されたり、完成した干拓地での農業経営がうまくいかずに荒れ地になったりした場合、潮止めで子孫を残せなかったムツゴロウやハイガイなどの犠牲はあまりにも大きい。またそれは、干潟の生き物を保護することだけではなく、私たち人間にとって、大きな損失なのではなかろうか。

諫早湾干拓事業をめぐる動きの年表①

長崎大干拓事業構想から潮受け堤防工事まで

1951（昭和26）　西岡竹次郎・長崎県知事（元自由党副党首、文部大臣などを務めた西岡武夫氏の父）が、諫早湾を閉め切って干拓する構想の可能性調査について、九州大学教授らに意見を聞く。

1952／10／29　西岡知事が「長崎大干拓構想」を発表。閉め切り堤防は、佐賀県境の小長井町と島原半島の吾妻町を結ぶ線。閉め切られる湾奥部の広さは約一万一千ヘクタール。食糧難の時代で、平坦で広大な農地が少ない県内で水田地帯を増やすねらいからだった。

1953／2　諫早市など一市十一町村が「長崎大干拓期成同盟会」を結成。

1957／7　諫早大水害。本明川が氾濫。市街地を襲った。死者、行方不明者は合わせて七百人を超えた。

1959／6　長崎県が長崎大干拓推進室を設置。

1963／5　地元の八市町村でスライド映写で長崎干拓計画の現地説明会を開く。

1964／9　農林省が長崎干拓全体実施設計書を作成。

1965／2　漁民らの長崎干拓絶対反対実行委員会が結成される。

1965／7　長崎干拓絶対反対実行委員会の漁協組合員ら約五百人が漁船約二百隻で海上パレードをして干拓反対を訴えた。

1965／12　諫早市議会が長崎干拓事業の早期実現賛成を決議。これを含めて地元市町村議会や商工会、農協など五十二団体も賛成を決議。

1966／11　長崎県が農林大臣からの「公有水面埋め立てに関する承認申請」を正式に受理。

1970／1　佐藤勝也・長崎県知事が農林大臣からの長崎干拓区域の公有水面埋め立て申請を承認。

1970／1　国の予算編成で干拓事業の予算を一般会計の調査費で組む。着工予算ではなかったことから、事実上の干拓中止になった。

1970／2　知事選で久保勘一氏が現職の佐藤勝也知事を大差で破る。

1970／3　久保知事は「長崎干拓は多目的で実現を」と語る。

1970／4　国の稲作減反政策で「長崎干拓事業」を「長崎南部地域総合開発事業」として再発足。「南総開発」と呼ばれる開発計画で、長崎市と諫早市、大村市など県南地域を「大長崎都市圏」として開発しようという発想。当初計画では、諫早湾奥部を一万九十四ヘクタール閉め切って淡水化。都市圏の生活用水や工業用水を確保する一方、農地を造成し、都市圏の市街化に伴って土地を手放す農家に代替農地を提供する構想だった。

1973/7　南部地域総合開発事業に伴う諫早湾沿いの十二漁協との初めての補償交渉が諫早市内で開催。県側は、①全体で百二十億円の補償金②漁家一戸当たり二ヘクタールの農地を優先配分する③淡水湖でのウナギ養殖などが提案されたが、物別れに終わった。

1973/10　諫早湾干潟の生き物を保護する立場から住民グループ「諫早の自然を守る会」が発足。代表は芥川賞作家の野呂邦暢氏、事務局長は山下弘文氏が務めた。長崎県に南部地域総合開発事業の中止を申し入れた。

1973/12　久保勘一知事が「南総開発計画」の「休止」を決定。

1979/7　諫早湾奥部を閉め切る南部地域総合開発計画について、佐賀県が独自の影響調査をした結果、「湾外漁業への影響が大きい」と発表した。同年十二月に佐賀県知事が農林大臣に反対を陳情。

1982/2　長崎県知事に高田勇氏が初当選。三月に就任。

1982/9　諫早湾沿いの十二漁協の組合長らが漁業権放棄について組合員らの同意を得た、と知事に報告。

1982/12　金子岩三農林水産大臣が、諫早湾外や県外の関係者の同意が得られず、「南総開発の推進は困難だ」と発言。

1982/12　農水省は八三年度予算編成で南総事業を打ち切り、閉め切りの規模を縮小して防災の観点を重視した「総合干拓事業」として再検討する方針を決定。

1983/4　総合干拓事業計画に高田勇・長崎県知事らが金子岩三農水大臣と協議して合意。①干潟がある諫早湾の三分の一を干陸化して、その外側に防災対策上必要な遊水池を設ける。閉め切り堤防の位置については技術上の問題、防災効果を十分技術的に検討して、できるだけ速やかに基本的な考えを明らかにする②事業着工には諫早湾内外の漁業者の合意を確保する必要がある③国営干拓事業として進める

1983/5　専門家らで構成した諫早湾防災対策検討委員会が発足。

1983/9　諫早湾内の漁業者らの転業対策のための「諫早湾地域振興基金」の設立準備委員会を開く。

1983/11　農水省が、諫早湾防災対策検討委員会の検討結果が固まったのを受けて、計画規模について「湾

奥部の三千九百ヘクタールを閉め切る必要がある」との方針を決定。干陸地は二千百ヘクタール、調整池千八百ヘクタールという内容。潮受け堤防で閉め切る湾奥部の広さを①四千六百ヘクタール②三千三百ヘクタール③三千九百ヘクタールの三通りの案について、干陸化の面積や内部堤防の延長、防災効果などを比較検討した結論だった。

1984／12　有明海沿いの佐賀、福岡、熊本の三県の漁連が湾閉め切りの規模を三千ヘクタール程度に縮小するように主張。地元選出の国会議員に調停を依頼した。

1985／8　湾閉め切りの規模を三千五百五十ヘクタール以内とする調整案がまとまる。

1986／9　環境影響評価書（アセスメント）案の縦覧開始。ほぼ同時期に諫早湾内の十二漁協と漁業補償協定に調印。補償金額は二百四十三億五千万円。

1987／1　諫早湾内十二漁協が臨時総会で漁業権放棄を決定。

1989／11　九州農政局が諫早湾干拓事業起工式を開く。（以上は主に「諫早湾地域振興基金」が作成した「諫早湾干拓のあゆみ」から）

1991　潮受け堤防内の八つの漁協が九二年にかけて相次いで解散。

1991　潮受け堤防の排水門は、島原半島側の一カ所だったのを本明川河口延長線にもう一カ所増やして計八基にすることになり、環境アセスメントを改めて実施。

1995　潮受け堤防の南北の排水門が完成。

1997／4／14　潮受け堤防仮閉め切り工事。潮流が出入りしていた約千二百メートルの区間に設けていた二百九十三基の架台と呼ばれる鋼鉄製の板を次々に水圧で落とした。ムツゴロウやシオマネキなど干潟の生物にとってはまさに「ギロチン」だった。

1999／2　新たに造成する干拓地を取り囲む内部堤防の基礎工事始まる。

1999／3　潮受け堤防（延長七千五十メートル）が完成。

諫早湾干拓事業をめぐる動きの年表②

潮受け堤防閉め切り前後

1996／4／6　日本野鳥の会長崎県支部が渡り鳥のシギ・チドリ類調査。ハマシギ七千二百八羽、ダイゼン六百七十八羽、オオソリハシシギ百九十七羽、ダイシャクシギ二十羽など十三種類で合わせて八千二百四十八羽を観察。

1996／7／16　自然界の生き物にも存在意義を認めることを求める「自然の権利訴訟」として、諫早湾干拓事業の潮受け堤防工事の中止を求めた訴訟を、事業見直しを訴える住民ら六人が長崎地方裁判所に提起。諫早湾やムツゴロウ、シオマネキ、二枚貝のハイガイ、ズグロカモメなどを原告として、その代弁者らに諫早市など在住の六人が加わった。鹿児島県奄美大島のゴルフ場計画の中止を求めてアマミノクロウサギ、ルリカケス、オオトラツグミなどを原告としたのに次ぐ国内で三例目の自然の権利訴訟。

1996／10／21　小長井町などの諫早湾沿いの漁民らで結成する新泉水海潜水器組合がタイラギの休漁を決める。九三年以来四年連続で、その後も二〇〇〇年までは漁再開のめどが立っていない。潜水して調査した結果、貝がほとんどおらず採算に合わないという理由。組合員らは「干拓工事で潮受け堤防工事用資材の砂が採取されるなどした結果、貝が酸欠状態で死んだ」と指摘した。

1996／11／9　海・山・川を守る九州住民運動交流会が諫早市で開かれる。北九州市小倉南区の「曽根干潟を守る会」や福岡市東区の和白干潟の保全と博多湾の人工島建設計画に反対しているグループの代表らが参加した。この場で諫早干潟研究会のメンバーが「干拓地は地震に弱い。有明海は不思議な海で諫早湾では二百八十二種類の底生生物が確認されている。潮止めしたら干潟の生態系がめちゃめちゃになる。ことしはウミタケが大量にとれている。漁業も防災も成り立つ計画があるはず」と報告した。

1996年12月　北九州市が中国との協力で進めた渡り鳥・ズグロカモメの標識調査で、中国遼寧省の湿地で繁殖したズグロカモメが諫早湾に飛来していることが判明した。北九州市の曽根干潟や大分県宇佐市の海岸、徳島県の吉野川河口でも中国から飛来した鳥が確認された。

1996年12月　諫早市小野島町沖の塩生植物シチメンソウ群生地で、佐賀県東与賀町の役場職員らが種子を採取。東与賀町の大授搦干拓そばのシチメンソウ群生地が海岸堤防工事でなくなるため、観光資源として群生地を新たにつくるため種子を冷蔵しておく必要があるという理由。このことを九州農政局諫早湾干拓事務所に取材すると、「諫早湾のはハママツナだ」という答え。研究者らに聞いてもシチメンソウだった。後に干拓事務所は「シチメンソウ」と訂正。ポットで育てていることを、視察に訪れた国会議員らに披露した。

1996／12　パソコン通信のニフティサーブの加入者らが意見を交換し合うコーナーで、「どうきん」（ワラスボという魚の地方名）と名乗る人物が、地元の農家の声として「洪水に困っている」「ムツゴロウ君死んでちょうだい。ごめんね」などと干拓推進論を寄稿。この人物は、森山町役場に農水省から出向して農業集落排水事業（農村の下水道）を担当している男性技術者と判明。この男性は「ムツゴロウ裁判が始まって情報が得られると思って参加した。干拓事業を知らない人が多い。一町民としてこの事業は必要だと考えた」と釈明。

1997／1／14　長崎地裁で自然の権利訴訟「ムツゴロウ裁判」始まる。原告のムツゴロウやズグロカモメ、ハマシギなどの代弁者らが諫早湾干潟や自然保護への思いを述べた。

1997／1　長崎県菓子工業組合諫早支部が、諫早湾干潟をイメージした菓子を発売することを明らかにした。サツマイモなどを原料にした銀潟（「ぎっどろ」と読ませる）という新商品。干潟が輝くようすを思い出に残したいと考えたという。

1997／1　干潟保護運動を進めている日本湿地ネットワーク（事務局・長崎県諫早市）の山下弘文代表は、諫早湾干潟に生息するアリアケガニや巻き貝のウミマイマイなど合わせて八種類の生物を「種の保存法」に基づく緊急指定種とするように環境庁に要請することを明らかにした。「種の保存法」（絶滅のおそれのある野生動植物の種の保存に関する法）に基づいて「緊急指定種」への指定を要請するのは、アリアケガニなどカニ三種とウミマイマイや中国大陸と有明海のつながりを物語るクロヘナタリなど貝四種、それに冬の渡り鳥・ズグロカモメ。環境庁野生生物課によると、緊急指定種になった場合、三年間にわたって生態や生息状況を調査するが、この時まで選定したのは北海道で確認された野鳥のワシミミズクや沖縄県で見つかった新種のクメジマボタルなど三種しかないという。

1997/3/8　日本野鳥の会長崎県支部が渡り鳥のシギ・チドリ類調査。ハマシギ五千羽、ダイゼン八百九十一羽、ダイシャクシギ三百四十一羽など十一種類六千二百五十八羽を観察。

1997/3/10　九州農政局諫早湾干拓事務所が「潮止めに備えた作業は、工程的にほぼ準備完了した。だが（潮止めの期日は）事務所だけでは決められない」と取材に回答。

1997/4/6　日本野鳥の会長崎県支部が諫早湾で渡り鳥のシギ・チドリ類の飛来数を調査。オオソリハシシギ四百九十五羽、ハマシギ千五百羽、ダイシャクシギ二十四羽、ホウロクシギ十二羽、ダイゼン五百五十五羽など十一種類二千六百十五羽を観察。

1997/4/12　九州農政局が潮受け堤防工事で潮流が出入りしていた残り千二百メートル区間の仮閉め切り（潮止め）工事を四月十四日に実施すると発表。

1997/4/14　潮止め工事。島原半島の吾妻町側の南部排水門そばに式典会場が設けられ、本物ひとつとダミーのボタン合わせて十一個が用意された。九州農政局は諫早湾干拓事務所長の田村亮氏、高田勇・長崎県知事（当時）、吉次邦夫・諫早市長、戸原義男・九大名誉教授、施工業者、県議ら十一人が一斉に押した。鋼板二百九十三枚が連続シャッターのように次々におろされ、千二百メートルの区間の閉め切りがわずか四十五秒で終わった。干拓事業の見直しを求める住民グループのメンバーは、抗議行動を続けたが、式典会場の手前で警備員らが阻止。海岸沿いには、干拓事業の大きな節目となる場面を見よう、と地域の住民や児童、生徒らが訪れていた。

1997/4/21　諫早湾奥部で、九州農政局諫早湾干拓事務所が地元漁協の協力で、魚の一斉捕獲作戦を始める。閉め切った水域三千五百五十ヘクタールのうち水がたまっているのは約二千五百ヘクタール。閉め切りで淡水化が進み、海洋性の生物が死滅するため、残った魚を生かそうというもので、刺し網でボラやコノシロなどを捕獲。潮受け堤防外に放流した。

1997/4/24　諫早市が公共下水道の終末処理場に窒素やリンを除去する高度処理装置を導入する手続きを始めると公表。閉め切られた調整池の水質が、生活排水の流入で悪化するのを緩和するため。

早くから計画されていたが、遅れていた。

1997/4/27　干拓事業見直しを求める住民運動グループが「干潟の生き物救出作戦」。潮の干満がなくなってピンチに立たされたムツゴロウやトビハゼ、カニのシオマネキなどを救い出そう、と呼びかけた。干拓の現場を見てもらい、干潟の再生を願う声を広げるねらいもあった。

1997/4月末ごろから5月初め　諫早湾の海岸沿いの住民らから町役場などに「貝や魚が死んでいやな臭いが漂ってくる」と苦情が寄せられた。高来町や島原半島の吾妻町などが目立った。

1997/5/11　超党派の国会議員らでつくる「公共事業チェックを実現する議員の会」と「公共事業チェックを求めるNGOの会」が、諫早市で「諫早湾干潟緊急救済シンポジウム」を開く。民主党の菅直人代表や社民党の秋葉忠利代議士（後に広島市長）、新進党の笹山登生代議士のほか、共産党の有働正治参議院議員も個人の資格で加わった。エッセイストでダム反対運動家の天野礼子さんらも参加。

1997/5/16　自民党の農林部会（松岡利勝部会長）と九州国会議員団が諫早湾干拓の現地視察。干拓推進派の農家らの要望に対して松岡氏は「自民党ある限り排水門を開けることはやらない。災害に苦しめられた諫早の事情や経過がわかれば責任ある政治家として排水門を開けろ、とは言えない」などと発言。

1997/5/28　日本弁護士連合会の諫早湾問題調査団（団長・鬼追明夫会長ら十一人）が、長崎県庁と諫早市役所を訪れて「環境保護と防災を両立できる方法を探る議論が十分できていない」として潮受け堤防の排水門を開放するように求めた。「既存堤防のかさ上げや排水機能の強化など干潟と共存できる代替案はいくらでもある」などの内容の声明文を手渡した。

1997/6/19　諫早湾奥部の水質が悪化している、として長崎県と財団法人諫早湾地域振興基金が、台所などからの生活排水に含まれる汚濁物質の削減を呼びかけるチラシ四万枚を作成し、湾沿いの諫早市や森山町など四町に各家庭への配布を要請した。使用済みのてんぷら油などをそのまま排水管に流さない、などを呼びかけた。チラシは、A4判四ページの大きさで「考えましょう家庭の排水――ふるさとの川や海を美しく」のタイトル。川や海の汚れの主な原因として入浴や炊事、洗濯などの排水を挙げている。費用は約五十万円。

1997/6/27　諫早市議会が、森山町の地区長会（高橋徳男会長）から提出された潮受け堤防の「排水門開放に反対する請願」を採択。さらに政府に送る排水門開放反対の意見書を可決。この中には「地域の実情を知らない人々が潮受け堤防開放を求めている」という表現も。一方、干拓事業の見直しを求める住民らが提出した「諫早湾干拓事業の防災上の見直しを求める請願」を不採択とした。

1997／7 六日から十二日まで諫早地方に大雨が降り、田畑が冠水。住宅の床下浸水被害。長崎県農林部によると、諫早市でのこの間の雨量は七二二・五ミリ、隣の森山町で九三三ミリ。最大時で諫早平野の田畑の冠水面積は千二百十ヘクタール。干拓事業の効果に疑問が指摘された。

1997／11 潮受け堤防工事現場で海水がしみ出す。九州農政局諫早湾干拓事務所が「堤防内側に砂を盛る工事の過程で潮位が高い時に砂から海水がしみ出している」と述べ、堤防の四カ所に青いビニールシートで溝を造り、たまったこの海水を調整池に流していることを明らかにした。十月二十七日の調整池水質調査でも、塩素イオン濃度は閉め切り間もない六月時点に戻っていた。

1998／2／10 九州農政局諫早湾干拓事務所が、干陸化した諫早市赤崎町沖の干潟約十ヘクタールにクローバーの種子をまいて表土を被覆するテストを始める。約百キロの種子を十ヘクタールにまいた。費用は約十万円。収益を目的にした作物試験栽培ではないが、農水省が干陸化した部分に農作物を栽培するのは初めて。このころ、大雨などで塩分が薄くなった「干潟」では近くの農家が種まきしたというナタネが花を咲かせていた。

1998／2／15 世界自然保護基金日本委員会（WWFJ）などが渡り鳥のシギ・チドリ類が飛来する干潟などを保護する「湿地ネットワーク」を広げよう、と諫早市で野鳥調査に関係した住民団体メンバーを対象に「シギ・チドリ湿地ネットワーク参加推進連続ワークショップ（研究集会）」開催。日豪両政府で合意した「東アジア・オーストラリア地域シギ・チドリ類湿地ネットワーク」の登録湿地を増やす一方、調査対象を広げるよう呼びかけた。

1998／3／4 諫早市定例議会で、干拓事業で閉め切られた調整池の水質保全策について、自民党会派議員が「潮受け堤防の排水門を開閉して海水を入れることが水質保全策としてベストだ」として代表質問で取り上げた。約五時間後に同僚議員らが「党の方針にそぐわない」と指摘。五日に取り消された。代表質問は「水質保全のベストの方法は、内堤防を完成させ、防災効果を確認した上で排水門を開閉することだ。排水門開放が必要な時期が来る」との内容。吉次邦夫市長は「排水門を開けた場合、速い潮流で泥が巻き上げられ漁業に影響する。農業用水確保のため調整池の淡水化が必要だ。流入した潟《がた》が堆積して排水が困難になる」と農水省の方針に沿った答弁。

1998／3／29　アメリカの代表的な環境保護団体「全米オーデュボン協会」副代表のダニエル・ビアード氏が諫早市を訪れ、国の干拓事業が進められている諫早湾奥部を船で視察した後、同市内で講演。「世界的にユニークな生態系をもつ諫早湾干潟を破壊するプロジェクトが進められていることは問題。むだの多い事業だ。設計した人は後で恥ずかしい思いをするだろう」と指摘。ビアード氏は、米政府内務省開墾局総裁に在職中に「米国でのダム開発の時代は終わった」と大規模ダム開発中止を宣言したことで知られている。環境保護団体の招きで来日。二十八日に福岡市が人工島建設を進める博多湾の和白干潟を訪ねたのに次いで干拓事業で閉め切られた諫早湾干潟を視察した。演題は「湿地をめぐる世界の潮流」。ダム開発中止に方針を転換した理由について「費用がかさむ割には国民への貢献度が低いことや生物にとって重要な湿地を破壊するプロジェクトであることへの反省から」と述べた。米国では湿地が水質を保全し野生生物にも重要な場所との理由で法的に保護されていることを説明。「開発の代替案などの情報が公開されており、諫早湾干拓のような事業は、米国ではありえない」と話した。講演会の後の記者会見で同氏は「干潟を消失させる開発計画がほかにもあるが、日米間の渡り鳥条約に違反する」と指摘。

1998／4　環境庁は、開発で消滅するケースが目立つ干潟や藻場が水質浄化など環境保全にどれだけ役立つのか、数値で表す調査を九八年度から始めた。貝やカニなど干潟にすむ底生生物が有機物を餌にして水質を浄化することに注目、愛知県水産試験場などが下水道を整備した場合との効果を比較した研究報告を出している。環境庁水質規制課によると、「藻場・干潟の環境保全機能定量基礎調査」と名付けて九八年度予算に八百三十万円を計上した。海草や干潟の貝、ゴカイなどの生物が富栄養化のもとになる窒素、リンをどれだけ摂取して水質を浄化するかなどを調べる。干潟の浄化能力を数値で表す方法を探るのがねらい。

1998／4／11 住民団体・諫早干潟緊急救済本部（山下弘文代表）が、世界自然保護基金日本委員会（WWFJ）や日本野鳥の会などの協力で毎年四月十四日を「干潟を守る日」として、全国各地の干潟で野鳥など干潟の生き物の観察会や干潟の役割を考える催しを開くことを呼びかけた。趣旨は、九七年四月十四日に諫早湾奥部への潮流が潮受け堤防で遮断されたことを忘れないようにすることと、野鳥観察や潮干狩りの場、魚介類の産卵場などとして貴重な干潟が開発で消えるのに歯止めをかけること。

1998／4／12 国の諫早湾干拓事業で造成される農地の払い下げをめぐって、長崎県が農家負担を軽くするため県条例を改正した問題で、長崎大経済学部の宮入興一教授（財政学）が、住民団体・諫早干潟緊急救済本部が諫早市で開いた集会で講演、負担軽減分の穴埋めに国の財源五十五億二千万円があてられるという試算を明らかにした。さらに農家の負担割合は農地の造成原価の一三%余りにすぎず「おんぶにだっこの干拓地造成」と指摘した。「諫早湾の一年を検証するパネルディスカッション」での発言。それによると、県条例改正で農家負担割合が事業費全体の一八%から約半分に軽減された結果、農家に払い下げられる土地（宅地を含めて千四百九十二ヘクタール）の十アール当たり負担額は平均百十万円余りから七十四万円になる。その差額は県が負担するが、財政力が弱い県の公共事業で国の負担を増やす特例法で国の財源があてられる。金額は五十五億二千万円にのぼる。同教授は干拓事業について、費用と比べて投資効果が少ない上に潮受け堤防の防災効果に疑問があることや、干潟の水質浄化機能や渡り鳥の飛来地などの価値が計算されていないことを指摘した。

1998／4／20 日本湿地ネットワーク代表で諫早湾干潟の保全運動を続けてきた諫早市の山下弘文さんが、「ゴールドマン環境保護賞」を受賞。

1998／4 農水省が、諫早湾奥部の調整池の水質を浄化する目的で水流発生機三台をリース式で配備。ポンプで水流を起こすことによって水中の酸素量を増やし浄化する働きがある。長崎市内の企業が開発し、魚の養殖場などですでに利用。超音波発生装置やオゾン発生装置を備えて、毒性があるとされるアオコを消滅させる。

1998／5／11 日本ペンクラブの梅原猛会長や加賀乙彦副会長、理事の小中陽太郎、加藤幸子氏らが諫早湾干拓の現地を訪れた。日本ペンクラブは九七年六月に潮受け堤防の閉め切りに抗議する声明を発表。梅原会長はその後、単独で諫早市などを訪問。ムツゴロウやカニ、大量の貝が死滅した現場を見て衝撃を受け、ムツゴロウをテーマにした小説の構想を練る。

1998／8／21　諫早湾入り口の小長井町沖合で赤潮が発生し、スズキやボラ、ヒラメの一種のウシノシタなどの魚が大量に死ぬ被害が、同県県南水産業普及指導センターの調査で判明。県によると、「シャットネラ　アンティカ」という緑色べん毛藻類のプランクトンの異常繁殖によるもので、死んだ魚は推計で一万匹以上。天然魚が死ぬ赤潮被害は諫早湾では初めて。魚が死んでいるのが見つかったのは十九日朝。小長井町の小長井漁港から佐賀県境にかけての海岸沿い約五キロでチヌやコチ、タコ、エイなどの死骸が打ち上げられていた。一帯で養殖されるアサリ貝には被害はなかった。赤潮は最大幅で沖合約二キロまで発生。海面がしょうゆのようで、養殖ハマチの場合、一ミリリットル中に百個以上の細胞があると死ぬとされるが、二十日の調査では小長井漁港沖合で五万千六百個も観察された。

1998／10　九州農政局諫早湾干拓事務所が、ムツゴロウやカニなどが生き延びてきた高来町泉の境川河口近くの船だまりを埋め立てる整地作業。広さ約四千平方メートル。高さ一メートルほど土を盛る計画。かつて漁船係留だった場所で、水分が補給されるため干潟の生物が観察されるが、水質が悪化。夏には蚊がたくさん発生したことから付近の住民らが環境改善を訴えた。潮止めから一年半が過ぎ、干陸化した部分の環境が激変しマムシも生息。

1999／3　干拓事業の見直しを訴える住民団体「諫早湾一万人の思い実行委員会」が「みそひともじ（三十一文字）に、諫早湾干拓事業へのあなたの思いを」と、住民団体が、新聞の意見広告や本にまとめるひと言集を募ったところ、全国各地の七百四十人からメッセージが寄せられた。著名な映画監督が「海の水を一日も早く戻そう」と一言を届けるなど、反響が広がった。ひと言には「諫早干拓は政治の大罪。推進派同罪。沈黙は共犯。禍根は未来永劫ぞ」という厳しい指摘や、「ムツゴロウの死に明日の子どもたちの姿を見る思いがします」という自然との共生の訴えも。

1999／4／25　統一地方選挙で、自然の権利訴訟原告団長の原田敬一郎さんが愛野町議に、住民団体「ムツゴロウファンクラブ」代表の岩永賢一さんが諫早市議にそれぞれ初当選した。

1999／7／23　長崎県諫早地方に集中豪雨。日量三六七ミリの雨で最大時間雨量は諫早市で一〇一ミリ。諫早市の本明川が警戒水位を超え、市街地が水浸しに。市は市内全域に避難勧告。死者一人、床上浸水二百三十四棟、床下浸水四百二十七棟（諫早市調べ）。国道207号も一部で冠水するなど交通機関がまひ。

1999／9／21　長崎県議会で金子原二郎知事が、諫早湾干拓事業について、完成は二〇〇六年度になる見通しで総事業費は百二十億円膨らんで約二千四百九十億円になる見込み、と明らかにした。九州農政局諫早湾干拓事務所は「潮受け堤防工事が九九年三月末に終了した後、調査した結果、軟弱な地盤の改良に時間や費用がかかることが分かったため」と説明した。

1999／9／21　昼過ぎ、潮受け堤防の北部排水門すぐそばの海上に、小長井町漁協所属の漁民らが、数隻の漁船に「汚い水は流すな」などと書いた横断幕を掲げて、抗議行動。抗議行動をしたのは、小長井町で二枚貝のタイラギ漁を続けて休漁に追い込まれたりアサリ貝の変死による被害に悩む漁民らが主体だった。

2000／3／25　佐賀県太良町の大浦漁協に所属するタイラギ漁の組合員ら二十五人が、潮受け堤防の排水門の開放を求めて、高来町の北部排水門そばの海上で漁船を連ねて抗議行動。魚介類を供養する花束を海に投げ込んだ。大浦漁協のタイラギ水揚げは一九九五年、九六年ともに二百トン以上だったが、潮受け堤防が閉め切られた九七年は九十七トン、九八年は十四トン、九九年冬は皆無に近かったという。

2000／4／14　潮受け堤防の閉め切りから丸三年。諫早市の白浜海岸で住民団体・諫早干潟緊急救済本部などのメンバーらが、干陸化で死滅した無数の生き物たちを慰霊する催しを開いて干潟の再生を訴えた。一方、潮受け堤防排水門外側の諫早湾では、佐賀県太良町の大浦漁協所属の漁民有志らが約七十隻の漁船を出動させ、排水門の常時開放を訴えた。「宝の海を返せ」「水門をただちに開放せよ」と大きく書いた横断幕で訴えた。

2000／4／16　諫早市の吉次邦夫市長が無投票で市長に再選。

2000／6／14　干拓地でどんな農業経営を進めればよいか、長崎県が意見を求めていた「県営農構想検討委員会」が、金子原二郎知事に、農地のリース（貸し出し）方式導入や入植者を長崎県以外からも公募することを盛り込んだ報告書を提出。「県営農構想検討委員会」は農家や農業団体の代表、市場関係者らをメンバーとする組織。長崎県は、農地の払い下げ価格を引き下げるため県が助成する条例を制定。十アールあたり約七十四万円を想定していたが、報告書では「十アールあたり七十四万円でも農家はやっていけない。リース方式の導入を」と要望した。

2000／7／21　島根県の澄田信義知事が、国営中海干拓本庄工区の事業について、国に凍結を要請する方針を固めたことが判明。

2000／7／21　諫早市在住で諫早湾干拓事業の見直しを訴えてきた日本湿地ネットワーク代表の山下弘文氏が急性心不全のため六十六歳で死去。

2001／1　有明海で養殖されているノリが変色する現象が、福岡県や佐賀県、熊本県沖などで見られ、商品化できるノリの生産量が激減。原因は珪藻《けいそう》プランクトンの異常発生と見られ、冬場にはまれな赤潮が有明海全域で発生した。このため養殖用ノリ網を引き揚げる漁民が相次いだ。熊本、長崎両県を含めた四県にまたがる有明海のノリ生産量は、国内の三分の一以上。「これまでにない凶作」と言われ、一月十二日には四県の行政のノリ養殖担当者らが熊本県水産研究センターで緊急会議を開催。十三日には、四県のノリ養殖漁民らが「不作の原因は国の諫早湾干拓事業の影響だ」として諫早湾奥部を閉め切った潮受け堤防前で大規模な海上デモ。約千二百人が約三百隻の漁船に分乗して参加（主催者調べ）。プランクトンの異常発生の原因について「堤防内の調整池から排出される汚れた水」と指摘、「宝の海を返せ」などと書いた横断幕を掲げ、「早く水門を開けろ」とシュプレヒコールを繰り返した。

2001／1／18　農水省が「有明海ノリ不作対策本部」を設置。水産庁栽培養殖課に事務局を置き、不作の状況を把握する一方、原因究明を進める。

2001／1／28　有明海沿いの福岡、佐賀、熊本、長崎の四県の漁民ら約六千人が千三百隻を超す漁船を繰り出して諫早湾干拓事業の潮受け堤防のそばに集結し、「水門を開けろ」、「宝の海を返せ」などと叫んで抗議行動。福岡県有明海漁連の荒牧巧会長が「ノリの色落ちは諫早湾の堤防閉め切りが原因」などと書いた抗議文書を読み上げて九州農政局諫早湾干拓事務所長に手渡した（一月二十九日付　朝日新聞参考）。長崎県諫早湾沿いの四つの漁協は「水門を常時開放した場合、急激な潮流が発生して漁場の環境が悪化する不安がある」として抗議行動には参加せず。

2001/1/29　谷津義男・農林水産大臣が諫早湾干拓事業の長崎県の現地を視察。佐賀県と福岡県のノリ漁場を訪れて漁業関係者らと意見を交換。この後の記者会見で「予見を持たずに徹底して調査する。因果関係が疑われるデータがあれば、水門を開けてでも調査しろと指示した」と水門開放に柔軟な姿勢を強調（一月三十日付　朝日新聞）。

2001/2/22　福岡県有明海漁連の組合員ら約千三百人が国営干拓事業の即時中止と潮受け堤防の水門開放を求めて諫早湾の現地で陸上抗議行動。「水門を開けろ」と叫びながら潮受け堤防をデモ行進。九州農政局諫早湾干拓事務所に抗議。二十三日には、組合員らが熊本市の九州農政局に出向き、任田耕一・局長に水門開放などを求めて抗議行動。押し問答は約六時間に及んだ。二十四日には有志約五百人が干拓工事現場の入り口七カ所で座り込み、行動を続けた。座り込みは三月六日まで続いた。

2001/3/1　福岡県有明海漁連の組合員ら約二百七十人が東京・霞が関の農水省で谷津農水相に諫早湾干拓事業の中止と水門開放を求めて約十二万人分の署名簿を手渡す。この後、自民党幹事長の古賀誠氏と会い、古賀幹事長は「第三者委員会で水門開放と工事中断を了承してもらう」との考えを示した。

2001/3/2　谷津農水相が「有明海ノリ不作等対策関係調査検討委員会（略称・第三者委員会」で「（委員の）一人でも（水門開放が）必要と言えば開けざるをえない」と発言。

2001/3/3　漁業者代表や水産、干潟環境、生態学などの研究者ら十五人をメンバーとする「第三者委員会」が東京の農水省三番町分庁舎で開催、漁業者や研究者らから「水門を開放して調査を」との意見が出る。水門開放反対の意見も。「判断するデータが不足」との理由で結論持ち越し。

2001/3/5　谷津農水相が潮受け堤防内側の調整池の水質調査をするため、水門開放が決まる前に干拓工事を中断する方針を表明。農水省は、長崎県の了承を得るため調整へ。

2001/3/11　諫早市で住民団体・諫早湾干拓推進住民協議会（山崎繁喜会長）が工事中断と水門開放に反対する総決起大会開催。約四千人が参加。第三者委員会に科学的根拠に基づく判断を求める決議文を採択。参加した金子原二郎知事は「仮に水門を開けてノリが採れたら不作はすべて干拓の責任にされてしまう」と発言。

参考文献

朝日新聞西部本社発行の諫早湾干拓事業や公共事業全般、自然環境保護などに関する記事や報道資料をもとにまとめました。筆者が取材にかかわった記事に加筆したものが大半を占めます。ほかに参考にさせていただいた主な文献や資料を挙げます。

「諫早湾干拓のあゆみ」（1993年　財団法人諫早湾地域振興基金　編集、発行）
「諫早干潟の再生と賢明な利用」（1998年　諫早干潟緊急救済本部発行）
「報告　日本における【自然の権利】運動」（1998年　自然の権利セミナー報告書作成委員会編）
「多様な生物との共生をめざして　生物多様性国家戦略」（環境庁編　1996年）
「日本の絶滅のおそれのある野生生物」（環境庁編　レッドデータブック）
『アメリカの環境保護法』畠山武道著（北海道大学図書刊行会）
『フィールドガイド日本の野鳥』（財団法人日本野鳥の会）
『野鳥識別ハンドブック』高野伸二著（財団法人日本野鳥の会）
『干潟の生物観察ハンドブック』秋山章男、松田道生共著（東洋館出版社）

『有明海の生きものたち』佐藤正典編（海游舎）
『アメリカはなぜダム開発をやめたのか』公共事業チェック機構を実現する議員の会編（築地書館）
『漁師が山に木を植える理由』松永勝彦、畠山重篤著（成星出版）
『自然の権利』山村恒年、関根孝道編（信山社）
『鳥の日本史』（新人物往来社）
『WWF Japan Science Report Vol3』（世界自然保護基金日本委員会刊 サイエンス レポート第三巻）
『街道をゆく17 島原・天草の諸道』司馬遼太郎（朝日新聞社）
『公共事業をどうするか』五十嵐敬喜、小川明雄著（岩波新書）
『カブトガニの不思議』関口晃一著（岩波新書）
『日本カブトガニの現況』編集・関口晃一（日本カブトガニを守る会）
『食材図典』（小学館）
『漁連史・佐賀県有明海漁連のあゆみ』（1985年12月発行）
『有明海と半世紀――田中茂』（佐賀新聞社）
『諫早湾淡水湖造成に伴う湾外漁業に与える影響調査報告書（漁業編Ⅰ）』（1977年5月 九州農政局長崎南部地域総合開発調査事務所）
『諫早湾淡水湖造成に伴う湾外漁業に与える影響調査報告書（漁業編Ⅱ）』（1979年3月 九州農政局長崎南部地域総合開発調査事務所）

三輪節生（みわ・せつお）
1946年4月熊本県生まれ。東京外国語大学ロシヤ語学科卒。
1971年　朝日新聞社入社。主に九州・山口県で勤務。西部本社社会部を経て'96年8月から'99年5月まで諫早通信局勤務。
2001年3月現在、西部本社校閲部次長。

ムツゴロウの遺言

二〇〇一年五月一日初版第一刷発行

著　者　三輪節生
発行者　福元満治
発行所　石風社
福岡市中央区大手門一丁目八番八号　〒810-0074
電　話　〇九二（七一四）四八三八
ファクス　〇九二（七二五）三四四〇
印　刷　正光印刷株式会社
製　本　篠原製本株式会社

＊価格はすべて本体価格です。

中村　哲
医は国境を越えて
貧困・戦争・民族の対立・近代化――世界のあらゆる矛盾が噴き出す文明の十字路パキスタン・アフガンの地で、ハンセン病患者の治療と、峻険な山岳地帯の無医村診療を、15年に亘って続ける一人の日本人医師の、苦闘の記録。第12回アジア太平洋賞特別賞受賞　四六判　二〇〇〇円

中村　哲
ペシャワールにて《増補版》　癩《らい》そしてアフガン難民
数百万人のアフガン難民が流入するパキスタン・ペシャワールの地で、らい患者と難民の診療に従事する日本人医師が、高度消費社会に生きる私たち日本人に向けて放った、痛烈なメッセージ　四六判　一八〇〇円

中村　哲
ダラエ・ヌールへの道　アフガン難民とともに
〔NGO関係者必読の書〕ひとりの日本人医師が、現地との軋轢、日本人ボランティアの挫折、自らの内面の検証等、血の噴き出す苦闘を通して、ニッポンとは何か、「国際化」とは何かを根底的に問い直す渾身のメッセージ　四六判　二〇〇〇円

藤田洋三
鏝絵放浪記
左官職人の技・鏝絵に魅せられた一人の写真家が、故郷大分を振り出しに、中国・アフリカまで歩き続けた25年の旅の記録！「鏝絵巡礼の旅に必携」（朝日新聞）「スリリングな冒険譚の趣すらある」（西日本新聞）他各紙絶讃　二二〇〇円

麻生徹男
ラバウル日記　一軍医の極秘私記
メカに滅法強い野戦高射砲隊の予備役軍医が遺した壊滅迫る戦場の克明なる描写と軍上層部への辛辣な批判、そして濠洲軍による虜囚の日々。これは旧帝国陸軍の官僚制と戦いつづけた一個の人間の二千枚に及ぶ日記文学の傑作である　A5判上製七四〇頁　五八〇〇円